Die in den Sitzungsberichten Abtlg. I und Abtlg. II a der math.-nat. Klasse der Österr. Ak. d Wiss. erscheinenden Abhandlungen werden auch einzeln abgegeben. Sie können durch jede Buchhandlung oder direkt durch die Auslieferungsstelle der Österreichischen Akademie der Wissenschaften (Wien I, Singerstraße 12) bezogen werden.

Nachfolgende Abhandlungen aus dem Fache **Botanik** (Biologie) sind erschienen:

1953 (S I Bd. 162):

Loub W.: Zur Algenflora der Lungauer Moore (mit 3 Textabbildungen). S 22.90
Wimmer Ch., und Höfler K.: Über die Eigenfluoreszenz lebender absterbender und toter Florideenzellen (mit 3 Textabbildungen). S 9.60
Diskus A.: Vom Osmoseverhalten halophiler Euglenen vom Neusiedler See (mit 3 Tafeln). S 8.50

1954 (S I Bd. 163):

Kiermayer O.: Die Vakuolen der Desmidiaceen, ihr Verhalten bei Vitalfärbe- und Zentrifugierungsversuchen (mit 23 Textabbildungen), 48 Seiten. S 32.30
Loub W., Url W. Kiermayer O., Diskus A., und Hilmbauer K.: Die Algenzonierung in Mooren des Österreichischen Alpengebietes (mit 1 Textabbildung und 3 Tafeln), 48 Seiten. S 26 70
Luhan Maria: Zur Wurzelanatomie unserer Alpenpflanzen III. Gentianaceae (mit 4 Textabbildungen und 1 Tafel), 19 Seiten. S 14.90
Poelt J.: Moosgesellschaften im Alpenvorland I (mit 3 Textabbildungen), 34 Seiten. S 15.10
Poelt J.: Moosgesellschaften im Alpenvorland II (mit 1 Textabbildung). 45 Seiten. S 26.50
Scheidl W.: Auslösung von Vakuolenkontraktion durch undissoziierte Basen (mit 12 Textabbildungen und 15 Diagrammen), 44 Seiten. S 28.—
Schiller J.: Über Cyanophyceen aus kleinen künstlichen Wasserbecken und aus dem Ruster Kanal des Neusiedler Sees (mit 17 Textabbildungen [49 Einzelbilder]), 31 Seiten. S 23.40

1955 (S I Bd. 164):

Hölzl J.: Über Streuung der Transpirationswerte bei verschiedenen Blättern einer Pflanze und bei artgleichen Pflanzen eines Bestandes (mit 8 Textabbildungen). S 40.—
Huber Elfriede: Vitalfärbungsversuche an Hochmooralgen mit leeren und vollen Zellsäften (mit 13 Abbildungen auf 3 Tafeln). S 36.40
Kiermayer O.: Über die Reduktion basischer Vitalfarbstoffe in pflanzlichen Vakuolen (mit 4 Tafeln und 1 Farbtafel). S 25.20
Loub W.: Algenbiozönosen des Neusiedler Sees (mit 9 Textabbildungen). S 22.—
Url W.: Resistenz von Desmidiaceen gegen Schwermetallsalze (mit 8 Abbildungen auf 2 Tafeln). S 23.—
Ziegler Annemarie: Die blau fluoreszierenden Idioblasten der Scrophulariaceen: Morphologie Mikrochemie und Vitalfärbbarkeit (mit 19 Abbildungen im Text und auf 3 Tafeln). S 46.90

1956 (S I Bd. 165):

Abel W. O.: Die Austrocknungsresistenz der Laubmoose (mit 14 Abbildungen im Text und auf 5 Tafeln). S 73.30
Fetzmann Elsa Leonore: Beitrag zur Algensoziologie (mit 3 Textabbildungen, 4 Tafeln und 1 Beilage). S 73.60
Lenk Ingeborg: Vergleichende Permeabilitätsstudien an Süßwasseralgen (Zygnemataceen und einige Chlorophyceen) (mit 7 Textabbildungen). S 83.60
Sperlich A.: Die Fortpflanzungstüchtigkeit (Phyletische Potenz) des Fremdbefruchters. Nach Versuchen mit drei Formen des Alectorolohus hirsutus (Lam.) Alb. S 58.90

1957 (S I Bd. 166):

Politis J.: Über die „Tanninoplasten" oder Gerbstoffbildner der Crassulaceae (mit 2 Textabbildungen und 1 Tafel). S 6.—
Politis J.: Über einen neuen Pflanzenfarbstoff in den Blüten einiger Verbascum-Arten (mit 2 Tafeln). S 5.20
Übeleis Ilse: Osmotischer Wert Zucker- und Harnstoffpermeabilität einiger Diatomeen (mit 1 Textabbildung). S 30.40

1958 (S I Bd. 167):

Höfler Karl: Permeabilitätsstudien an Parenchymzellen der Blattrippe von Blechnum spicant (mit 5 Textabbildungen).
Rechinger K. H., Dulfer H. und Patzak A.: Sirjaevii fragmenta astragalogica IV. S 38.10
Url Walter: Zur Wirkung der Atmungsgifte Natriumazid und Dinitrophenol auf die Permeabilität von Blechnum spicant-Zellen (mit 3 Textabbildungen). S 25.—
Wawrik Friederike: Hochgebirgs-Kleingewässer im Arlberggebiet III (mit 3 Textabbildungen und 1 Tafel). S 18.90

ISBN 978-3-662-22920-0   ISBN 978-3-662-24862-1 (eBook)
DOI 10.1007/978-3-662-24862-1

Über die Gollinger Kalkmoosvereine

Von Karl Höfler

Mit 1 Tafel und 1 Textabbildung

(Vorgelegt in der Sitzung am 22. Jänner 1959)

Inhalt.

	Seite
I. Einleitung	541
II. Die zu behandelnden Gesellschaftseinheiten	543
III. Einzelbesprechung der Moosvereine	546
Felsmoosgesellschaften	546
Aquatische Gesellschaften	563
Waldboden-Vereine	564
IV. Rückblick. Zur Terminologie der Kleingesellschaften	568
1. Moosverein und Mikroassoziation	568
2. Zur Frage der Einordnung der Kleingesellschaften	570
3. Zum Begriffssystem der skandinavischen Schule	574
Literatur	578

I. Einleitung.

Die Kalkmoosgesellschaften um Golling sind von Herzog und Höfler (1944) soziologisch und ökologisch bearbeitet worden.

Ich hatte dem Gollinger Moosparadies — so läßt sich das Wasserfall-Gebiet und der ständig kühl-feuchte Irrgarten mit seinen waldüberwachsenen Bergsturztrümmern bezeichnen — das beste Material für meine Versuche über die Austrocknungsfähigkeit und die plasmatischen Trockengrenzen der Lebermoose entnommen. Die unvergeßliche Gemeinschaftsarbeit mit Herzog im Jahre 1943 hat mich auch mit der Laubmoosvegetation des Reviers voll vertraut gemacht. Bei der Fassung der Kleingesellschaften kam uns Herzogs reiche bryosoziologische und geographische Erfahrung aus verschiedenen Teilen Mitteleuropas zugute, so daß unkritische Verallgemeinerungen, zu denen ich, von lokaler Erfahrung ausgehend, bei meinen Vorarbeiten geneigt gewesen war, vermieden wurden. Die damalige Fassung der Gesellschaftseinheiten darf mir als grundlegend gelten. Sie hat im Schrifttum mehrfache Nachfolge gefunden.

Nachdem ich weiter zwei Sommer lang mit den Moosen des Gebietes physiologisch gearbeitet hatte (über Austrocknung 1944, Vitalfärbung 1948), konnte ich mich im Sommer 1958 während eines kürzeren Aufenthaltes (28. Juli bis 15. August) erstmalig wieder ganz der soziologischen Freilandarbeit widmen. Die Moossoziologie hatte in den verflossenen eineinhalb Jahrzehnten erfreulichen Aufschwung genommen und steigendes Interesse von vegetationskundlicher Seite gefunden (GAMS 1954, HAYBACH 1956, v. HÜBSCHMANN 1950, 1952, 1953, 1955, 1957 a, b, KOPPE 1945, 1955, v. KRUSENSTJERNA 1945, OCHSNER 1952, 1954, PHILIPPI 1956, POELT 1954 a, b, 1955, WALDHEIM 1944, 1947, WIESNER 1952 u. a.).

Ich selbst war den methodischen Fragen, die die Behandlung der Kryptogamengesellschaften stellt, noch näher getreten durch meine Beschäftigung mit Pilzsoziologie (1938, 1955) und Algensoziologie (HÖFLER-FETZMANN-DISKUS 1958, vgl. FETZMANN 1956). So habe ich die HERZOG-HÖFLERschen Vegetationseinheiten neu studiert und meine anderwärts gesammelten Erfahrungen zur Fassung von Kleingesellschaften an der Moosvegetation des wohlbekannten Gebietes neu geprüft. Hatte mich doch auch in der Pilz- und Algensoziologie die Frage nach der Stellung der Kleingesellschaften im BRAUN-BLANQUETschen Vegetationssystem seit langem beschäftigt. Ich war dort mit Nachdruck für ihre Beschreibung als selbständiger soziologischer Individuen eingetreten.

Bei HERZOG und HÖFLER waren die Einheiten ohne Rangordnung beschrieben worden, „nur als Bausteine zu einer späteren umfassenden Gesellschaftslehre der mitteleuropäischen Moosgesellschaften". Die Frage nach der gegenseitigen Wertigkeit war zurückgestellt, auf Zusammenlegung zu höheren soziologischen Einheiten war noch verzichtet worden. Da diese Dinge heute im Schrifttum aktuell geworden sind, habe ich der „Dignität" der damals festgelegten Gesellschaftseinheiten im Sommer 1958 meine Aufmerksamkeit im besonderen zugewandt.

Im Schlußabschnitt der Arbeit will ich auch versuchen, zur begrifflichen Festlegung der bei Behandlung der Kleingesellschaften verwendeten Termini, wo mir dies nötig erscheint, beizutragen.

Der Ort Golling liegt, leicht erreichbar, an der Schnellzugstrecke 25 km südlich von Salzburg und 3 km nördlich vom Austritt der Salzach aus der Felsenklamm der Salzachöfen. Das bryosoziologische Arbeitsgebiet liegt am Westrand des Gollinger Beckens, dort wo der kleine Göll (1751 m)

Zu: K. HÖFLER, Über die Gollinger Kalkmoosvereine. Tafel 1.

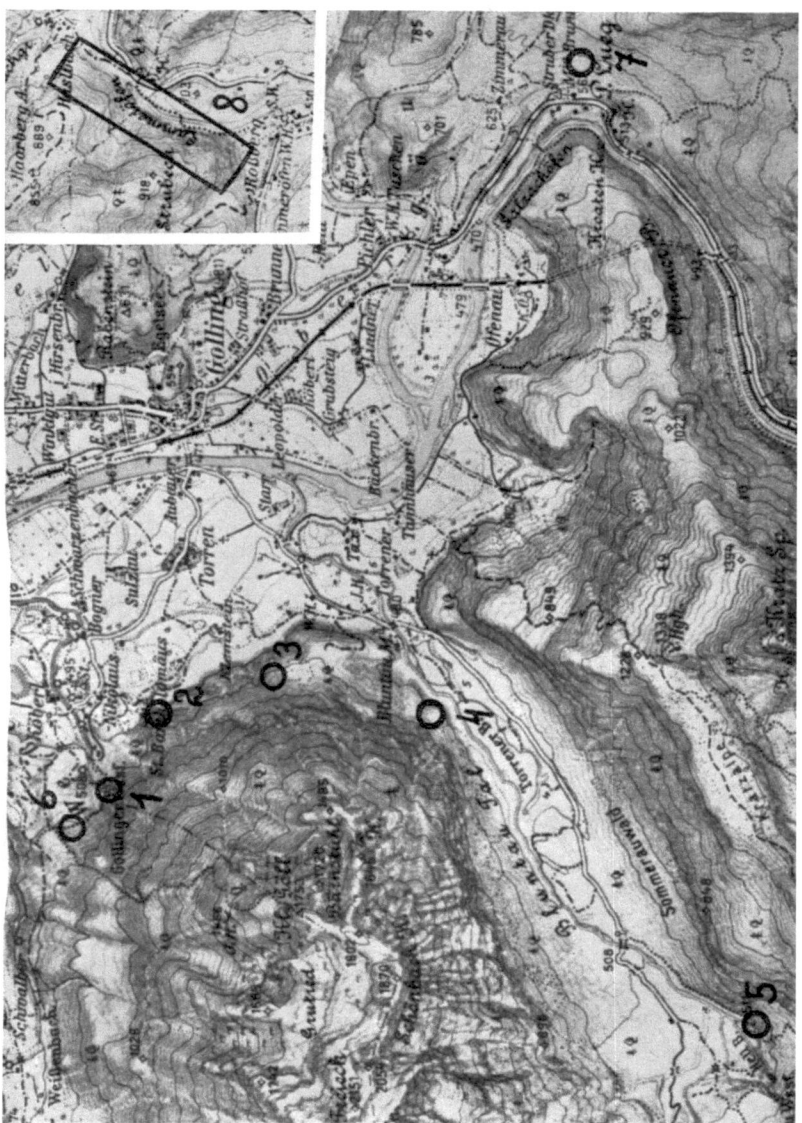

Abb. 1. Das Arbeitsgebiet: *1* Gollinger Wasserfall, *2* Kulissen-Landschaft am Fuß des kleinen Göll, *3* Irrgarten, *4* Göll-Südfuß am Eingang zum Bluntautal, *5* Nordwand der Kratzalpe am Fuße des Hagengebirges, *6* „Wehrhardt", *7* Paß Lueg (Buchenwald), *8* Lammeröfen.

mit steilen Hängen zum Tal (um 500 m) abfällt. Das kühlfeuchte Ortsklima ist dadurch bedingt, daß die Sonne auch im Hochsommer schon am frühen Nachmittag hinter den Felswänden verschwindet. Der Fichtenwald (Piceetum montanum) reicht bis herab zum Tal. Der „Irrgarten" (*3* in Abb. 1) liegt zudem in einem flachen, von Hochwald beschatteten Kaltluftbecken.

Der Schwarzbach (*1*) entspringt bei 579 m aus einer Felsgrotte und stürzt als Gollinger Wasserfall in zwei Absätzen, zusammen 72 m hoch, in die Tiefe. Die Schwarzbachschlucht mit ihrer reichen Moosflora ist im unteren Teil in Nagelfluh eingeschnitten, während das anstehende Gestein der Göllwände (*2–4*) und die herabgestürzten Trümmer der Blocklandschaft aus reinstem, hartem und schwer verwitterndem Dachsteinkalk bestehen.

8 km östlich von Golling sind an der Straße nach Abtenau die Lammeröfen (*8* in Abb. 1) in Werfener Schiefer und Hallstädter Kalk tief eingeschnitten.

Am Paß Lueg überdacht, kleinklimatisch günstig gelegen (*7*), üppiger Buchenwald die Kalkblocklandschaft. – Nähere geographische und geologische Angaben bringt der von HOFFER und LÄMMERMAYR (1925) bearbeitete Naturführer von Salzburg.

II. Die zu behandelnden Gesellschaftseinheiten.

Bei HERZOG (1943) und HERZOG und HÖFLER (1944) sind die Ausdrücke Moosgesellschaft und Moosverband ohne jede Rangbedeutung angewendet worden. Das Wort „Verband" wird heute in der Pflanzensoziologie anders gebraucht. Es bezeichnet in der BRAUN-BLANQUETschen Terminologie eine Gesellschaftseinheit höherer Ordnung, welche floristisch verwandte Assoziationen zusammenfaßt, in Skandinavien vielfach eine Vereinigung von Soziationen, während in der schwedischen Kryptogamensoziologie bzw. in DU RIETZ' Schule, Sozietät, Union und Förbundet (federation, Verband) für einschichtige Gesellschaften die Grundeinheiten aufsteigender Dignität sind und Förbundet sich aus Unionen als Einheiten nächstniederen Ranges zusammensetzt. So muß auf den Gebrauch des Wortes im alten Sinn verzichtet und, wie vielfach üblich, von Moosvereinen gesprochen werden, wiewohl der HERZOGsche Ausdruck „Verband" auch sprachlich die Vereinigung von Arten in oft sehr geringer Zahl treffend wiedergegeben hat.

Doch bleibt auch die Bezeichnung Verein — wie auch bei POELT (1954a, 141) — an keine Rangstufe der so benannten soziologischen Einheit gebunden. Es ist wichtig, dies im voraus zu betonen.

Im Gollinger Gebiet sind bei HERZOG und HÖFLER folgende Moosverbände, jetzt als Vereine zu bezeichnen, unterschieden worden (die Seitenhinweise beziehen sich auf den folgenden Text).

A. Moosgesellschaften des Waldbodens.   Seite

  1. Der *Eurhynchium striatum—Mnium undulatum*-Verein   564
  2. Der *Plagiochila—Trichocolea*-Verein 565
  3. Der *Brotherella Lorentziana*-Verein 567

B. Felsmoosgesellschaften

  I. Terrestrische Vereine

    1. Polyphote Vereine

      a) Der *Tortella inclinata*-Verein 546
      b) Der *Camptothecium lutescens*-Verein............ 547
      c) Der *Entodon orthocarpus—Rhythidium*-Verein ... 548

    2. Mesophote Vereine

      d) Der *Campylophyllum Halleri*-Verein 547
      e) Der *Cirriphyllum Vaucheri—Pseudoleskeella catenulata*-Verein 548
      f) Der *Ctenidium molluscum—Lophozia barbata*-Verein 549
      g) Der *Ctenidium molluscum—Scapania aspera*-Verein 549
      h) Der *Metzgeria conjugata—Plagiochila asplenioides*-Verein 556
      i) Der *Neckera crispa*-Verein 556
      k) Der *Fissidens adianthoides—Lejeunea cavifolia*-Verein 553
      l) Der *Isopterygium depressum—Rhynchostegium murale*-Verein............................. 557
      m) Der *Barbula paludosa*-Verein.................. 558
      n) Der *Orthothecium rufescens—Plagiopus Oederi*-Verein und seine *Didymodon giganteus*-Variante 559
      o) Der *Lophozia Mülleri—Haplozia riparia*-Verein mit *Haplozia atrovirens*-Variante 561
      p) Der *Seligeria pusilla—Hypnum Sauteri*-Verein ..

    3. Oligophote Vereine

      q) Der *Seligeria tristicha—Cyanophyceen*-Verein ....
      r) Der *Orthothecium intricatum*-Verein 562
      s) Der *Pedinophyllum interruptum*-Verein 554
      t) Der *Amblystegiella Sprucei*-Verein 562
      u) Der *Mnium serratum—Fegatella conica*-Verein... 562

II. Subaquatische und aquatische Gesellschaften   Seite
  v) Der *Haplozia riparia—Riccardia pinguis*-Verein
  w) Der *Cratoneurum commutatum*-Verein 558
  x) Der *Brachythecium rivulare*-Verein 563
  y) Der *Thamnium*-Verein 563
  z) Der *Cinclidotus*-Verein[1] 563

Es hat sich dabei um Gesellschaftseinheiten recht verschiedener Dignität und verschiedenen Umfanges gehandelt. Einige wären m. M. durchaus geeignet, als Großraumgesellschaften zu fungieren, d. h. als Assoziationen im Sinne und Umfange der Assoziationen BRAUN-BLANQUETS, worin eben die Moose das Hauptkontingent stellen. Dies gilt für den HERZOGschen *Orthothecium rufescens— Plagiopus Oederi*-Verein, den artenreichen Moosanteil einer Kalkschlucht-Gesellschaft, ferner für den Kalktuff bildenden *Cratoneurum commutatum*-Verein, das vielerorts wiederkehrende *Cratoneuretum*, wohl auch für die auf kahlen, senkrechten Kalkfelswänden oft hunderte von Quadratmetern umfassenden, seit GAMS (1925, 1927) bekannten *Seligeria tristicha*—Cyanophyceen-Vereine.

Weiter stellen viele von den 1944 beschriebenen Vereinen mehr oder minder selbständige Kleingesellschaften dar, die sich zum Teil durch treue, feste oder holde Charakterarten und hinzukommende Begleiter werden kennzeichnen lassen und durch Differentialarten von verwandten Vereinen getrennt sind. Sie sind aber doch eben als Kleingesellschaften unterschieden von den Assoziationen, den grundlegenden Einheiten der BRAUN BLANQUETschen Vegetationssystematik, die ihrem Wesen nach Großraumgesellschaften sind. Nur für jene soziologischen Einheiten möchte ich den alten Ausdruck „Mikroassoziationen" angewendet sehen. Solche „Vereine" entsprechen umfangsmäßig Mikroassoziationen, ohne sich darum begriffsinhaltlich mit diesen zu decken; ich komme darauf im Schlußabschnitt (S. 569) zurück. Beispiele sind etwa der *Amblystegiella Sprucei*-Verein unter den oligophoten Kleingesellschaften oder der von HERZOG vom *Cratoneuretum* unterschiedene *Barbula paludosa*-Verein und viele weitere.

Endlich wurden 1944 aber auch etliche „Verbände" unterschieden, denen eine noch niedrigere Rangeinstufung zukommen müßte; so der *Ctenidium molluscum—Lophozia barbata*- und der

[1] Mehrere von den Vereinen wurden in Oberbayern wiedergefunden und weiter untersucht von POELT (1954a) und KOPPE (1955), auf deren Arbeiten vielfach zurückzukommen sein wird.

Ctenidium molluscum—Scapania aspera-Verein. Es war hier das physiologisch-ökologische Interesse, das uns solche kleinste soziologische Einheiten auch floristisch festlegen ließ. Denn gerade hier hatte sich in kausalökologischer Hinsicht beim Vergleich ähnlicher, kleiner Einheiten ein Faktor erfassen lassen, der im Gebiet über ,,Sein oder Nichtsein" oder doch über ,,Da- oder Dortsein" der betreffenden Einheiten entscheidend ist, nämlich die plasmatischen Trockengrenzen der Differentialarten (vgl. HÖFLER 1942, HERZOG und HÖFLER 1944, S. 29, 30, 80).

In ähnlicher Weise hat dann BIEBL (1953) im Gebiet die oligophoten Kleinvereine ihrem Artbestand nach kausal klären können, indem er nicht nur, wie es zuvor oft und erfolgreich — zuletzt durch G. WIESNER (1952) — geschehen war, den Lichtgenuß bzw. die relative Belichtungsstärke der Standplätze der Arten, sondern auch die Lichtempfindlichkeit der Moose selbst geprüft und die vitalen bzw. letalen Grenzen der Besonnungsdauer, die von den einzelnen Arten vertragen oder nicht mehr vertragen werden, in exakten Versuchen festgelegt hat. Gilt es dabei, Licht- und Trockenempfindlichkeit zu unterscheiden, so läßt ja die gefühlsmäßig betriebene Standortsbeurteilung vielfach im Stich. Denn schattenliebende Moose können, der Sonne ausgesetzt, den Bestrahlungs- oder den Trockentod erleiden. BIEBLS Versuchsanordnung schließt gleichzeitige Trockenschädigung aus.

In beiden Fällen wird das Interesse an der Abgrenzung von Kleingesellschaften keineswegs proportional der vegetationssystematischen Dignität der betreffenden Einheiten verlaufen, sondern auch kleinste Gesellschaftsvarianten, die sich nur durch eine Differentialart unterscheiden, verdienen dem Versuch kausalökologischer Klärung zuliebe zum Gegenstand des Studiums gemacht zu werden.

III. Einzelbesprechung der Moosvereine.

Wir stellen die Felsmoosgesellschaften vorne an.

Von den polyphoten Kleingesellschaften ist der *Tortella inclinata*-Verein als weitverbreitete, wohl gekennzeichnete Vegetationseinheit bekannt. Er wird für das Gebiet bei HERZOG und HÖFLER (1944, S. 21) beschrieben. Er fand sich in guter Ausbildung auch längs des Schotterbandes einer alten, das kultivierte Land von Torren durchziehenden, jetzt von *Salicetum* bestandenen Bach-Mur und kommt ja längs der Bäche und Flüsse im österreichischen Alpenvorland und auch an der Donau um Wien allgemein vor, wohl durch die kalkführenden Komponenten der Schotterablagerungen bedingt. Er bildet vielfach Initialgesellschaften, die sich zu verschiedenen, höher organisierten Pflanzengesellschaften weiter entwickeln können. KOPPE (1955, S. 122) findet den Verein gut entwickelt auf kahlen Schotterbänken der Alz, die den größten Teil des Jahres trocken liegen und nur selten überschwemmt werden.

Viel typischer im Gebiet ist der *Camptothecium lutescens* var. *fallax*-Verein (Hz. u. Hö. 1944, S. 22), der in der Blocklandschaft im Mosaik der Gesellschaften auch physiognomisch eine auffällige Rolle innehat. Die südlich betonte var. *fallax*, der die *Camptothecium*-Form des Gebietes nach HERZOG entspricht (oder als Übergangsform von der var. *typica* her nahekommt), treibt lange, am kahlen Dachsteinkalk dezimeterweit hinkriechende Ausläufer, die mit reichlichen Rhizoiden an hartem Substrat fest verhaftet sind. HERZOG hat hervorgehoben, daß nur die derbe, festhaftende Form zur Besiedlung steil geneigter Platten und Wände fähig ist. Ich schlage daher vor, die Bezeichnung var. *fallax* in die Benennung des Vereines aufzunehmen, welchem m. M. angesichts der scharfen Abgrenzung und kennzeichnend hohen Licht- und Austrocknungsresistenz der Rang einer Mikroassoziation gebührt. Charakterart ist unter den Moosen nur *C. lutescens* var. *fallax* selbst. Die Untersuchung der die freibleibenden Felspartien einnehmenden Flechten wäre erwünscht. Moose, die im Übergangsbereich hinzukommen, haben nur den Rang von Begleitern. Das namengebende Moos verträgt, wie der Augenschein lehrt, viel Sonne und weitgehende Austrocknung. Um auch die Hitzeresistenz kennenzulernen, wären Temperaturmessungen am sonnenbestrahlten Felsen willkommen.

Zu den mesophoten Verbänden in der HERZOGschen Umgrenzung zählt der *Campylophyllum-Halleri*-Verein (Hz. u. Hö. 1944, S. 25), der sich an mäßig und nur stundenweise besonnten Wandflächen von Felsen und Blöcken aus glattem Dachsteinkalk am wohlsten fühlt. HERZOG gab eine Quadrataufnahme (Hz. u. Hö. 1944, S. 26, Fig. 3), aus der die Artenliste und die Deckung der den Verein aufbauenden Moose hervorgeht. Damit ist der Verein nach den Empfehlungen des VIII. Internat. Botanikerkongresses zu Paris 1954 beschrieben[1]. Er hat meiner Meinung Mikroassoziationsrang. — Ich gewann den Eindruck, daß er im Gebiet seit 1944 dem

---

[1] Eine Pflanzengesellschaft gilt als beschrieben, wenn wenigstens eine soziologische Aufnahme eines Assoziationsindividuums vorliegt: „Une communauté végétale ne devrait être décrite que si elle se fonde sur la publication d'un ou de plusieurs relevés phytosociologiques." Die Resolution wurde in der Sitzung der Sektion für Pflanzensoziologie am 7. VII. 1954 in BRAUN-BLANQUETS und DU RIETZ' Gegenwart gefaßt.

C. lutescens-Verein hat einigen Raum überlassen müssen. Strahlen- und Hitzeresistenz der konkurrierenden Vereine und ihrer Leitmoose bleiben zu untersuchen.

Dem *Entodon orthocarpus-Rhythidium*-Verein (Hz. u. Hö. 1944, S. 23), der wohl gleichfalls Mikroassoziationsrang besitzt, habe ich wenig hinzuzufügen. Die charakteristische Artverbindung besteht im Gebiet aus *E. orthocarpus, Rhythidium rugosum, Abietinella abietina* und *Camptothecium lutescens*, weitere begleitende Arten sind l. c. S. 24 aufgezählt. Der Verein ist weit verbreitet und findet sich nach HERZOG ebenso um Jena[1] und in Südbaden wie in den Kalkalpentälern. Die Lichtamplitude ist ziemlich groß, denn er lebt an stundenweise vollbesonnten bis halbschattigen Orten, doch nicht an extrem sonnigen, südgeneigten Felswänden wie der *Camptothecium*-Verein.

In soziologischer Hinsicht ist kennzeichnend, daß meist kräftige, oft quadratdezimetergroße Rasen der einzelnen Arten ohne Durchdringung mit fast scharfen Grenzen nebeneinander stehen, so in der Blocklandschaft auf horizontal bis schwach geneigten, zwischen Felsblöcken geschützten Steinflächen am Göllhang oberhalb des Irrgartens. Ich habe dies Verhalten seit 1941/42 im Gebiet beobachtet und fand meine alten Wahrnehmungen 1958 bestätigt. Die Decken werden nicht wie etwa beim *Ctenidium molluscum*-Verein von Einzelstämmchen anderer Arten durchwachsen. Wie *Hypnum cupressiforme* und andere Waldmoose eindringen können, was dann zumal bei zunehmender Beschattung zu einer Sukzession nach den Hylocomien-Vereinen der Waldböden-Moosdecke führt, ist bei Hz. u. Hö. beschrieben.

Durch seine kleinklimatischen Ansprüche wohl gekennzeichnet ist der *Cirriphyllum Vaucheri—Pseudoleskeella catenulata*-Verein (Hz. u. Hö. 1944, S. 27), der im schattigen, aber dem Ost- und Föhnwind zugänglichen Fichtenwald Kalkblöcke besetzt hält, die für Lebermoose wegen zeitweiliger Austrocknung schon unbewohnbar sind. Ich habe den Wald, der diesen Standortstyp repräsentiert (Abb. 1, zwischen *1* und *2*), an einem warmen Föhntag, dem 11. VIII. 1958, wieder besucht. Mein Eindruck war, daß der *C. Vaucheri*-Verein seltener geworden ist und *Ctenidium molluscum* sich früherer Standorte bemächtigt hat. Ein Felsblock, den ich in den Jahren 1942/43 beobachtet hatte, trug jetzt zum Teil *C. molluscum*, zum Teil daneben noch *C. Vaucheri*. In beiden gab es die

---

[1] Als floristisch verwandte Kalkmoosgesellschaft in Mitteldeutschland hat Herzogs Schülerin STODIEK schon 1938 (S. 15, 17) die *Abietinella-abietina-Rhytidium-rugosum-Entodon-orthocarpus-Camptothecium-lutescens-Campylium-chrysophyllum*-Assoziation beschrieben.

typischen kleinen schwärzlichen Büschelrasen von *Schistidium apocarpum*, der var. *gracile* nahestehend, welches im *Ctenidium*-Areal fruchtete, im *C. Vaucheri*-Areal steril geblieben war. Augenscheinlich ist *C. Vaucheri* durch die Trockenjahre zurückgedrängt, *C. molluscum* als Kalkubiquist gefördert worden.

* *
*

Ctenidium molluscum ist auf Kalkgestein und zumal auf Blöcken, denen die ,,Bergfrische" (POELT 1954) fehlt, das häufigste Moos; es gelangt am öftesten zu voller Dominanz. Es bildet lockere oder dichte, oft polsterartig schwellende Rasen aus. Seine am Gestein haftenden Ausläufer haben am mesophoten Standort gleiche Ausbreitungsfähigkeit wie die längergestreckten von *Camptothecium lutescens* im polyphoten Bereich. Die Lichtamplitude von *Ctenidium* erscheint recht groß. G. WIESNER (1952, S. 564) findet das Moos im Lunzer Gebiet fast gleich häufig an Standorten mit 68%, 58% und 9% relativem Lichtgenuß.

Bei HERZOG und HÖFLER (S. 29—32) wurden zwei ,,Verbände" beschrieben, in denen unser Moos dominiert, nämlich der *Ctenidium molluscum—Lophozia barbata*-Verband und der *Ctenidium molluscum—Scapania aspera*-Verband. Beide wurden eingehend geschildert. Sie vertragen die Nadelstreu gut und gedeihen daher im Fichtenwald auf ebenen und schwach geneigten Dachflächen der Blöcke. Aber ihre Trockenresistenz ist verschieden. Dem *barbata*-Verein schließt sich eine Variante mit der noch weniger austrocknungsfähigen *Lophozia quinquedentata* an. Ich habe die plasmatischen Trockengrenzen der *Lophozia*-Arten in wiederholten Versuchen geprüft, und bei *L. barbata* war zuerst der Nachweis gelungen, daß die Trockenresistenz des Materials, das ich an Föhntagen in natürlich ausgetrocknetem Zustand gesammelt hatte, gegenüber feucht gesammeltem und so in die Versuchskammer eingebrachtem Material noch ganz wesentlich erhöht war. Vgl. Hz. u. Hö. 1944, S. 78, 80 und HÖFLER 1950a, S. 8. Damit war der erste Nachweis natürlicher Trockenhärtung erbracht, die übrigens nicht bei allen, sondern nur bei gewissen Lebermoosen (z. B. *Pedinophyllum interruptum*, *Lejeunea cavifolia*, *Metzgeria conjugata*) erfolgt, welche dann auch starker Beanspruchung am Standort gewachsen sind.

Ich fand 1958 die *Ctenidium molluscum—Lophozia barbata*-Gesellschaft (und ebenso die *Ctenidium molluscum—Scapania aspera*-Gesellschaft) ziemlich unverändert wieder, während mir die *quinquedentata*-Variante bei orientierendem Besuch alter Standplätze nicht wieder begegnet ist.

Was nun die Rangeinstufung betrifft, so möchte ich aber die drei durch die Lebermoos-Differenzialarten unterschiedenen Kleingesellschaften doch nur als Varianten von geringer systematischer Dignität betrachten.

Ich habe 1958 Moosgesellschaften auf Kalkblöcken, worin *Ctenidium* dominiert, auch an anderen Lokalitäten beachtet und in zwei vordem nicht besuchten Revieren des Gollinger Raumes genauer untersucht — in einem nordgeneigten Fichtenwald im sog. „Werhardt" und einem nach SSO steiler geneigten Wald am Südfuß des kleinen Göll gegen die Bluntau, vgl. Abb. 1, 6. Am erstgenannten Standort finden sich *molluscum*-Decken, denen Einzelstämmchen von *Mnium undulatum* und *rostratum*, manchmal außerdem auch Stämmchen von *Plagiochila asplenioides* eingeschaltet waren, dazu vereinzelte Sprosse von *Hylocomium splendens*; Lebermoose fehlten. Es handelt sich um nordgeneigte, vor Föhnwind geschützte, aber dem Ostwind einigermaßen zugängliche Hänge am Nordfuß des Göllmassivs. Ich halte die durch die genannten Differenzialarten bezeichneten Varianten für vegetationssystematisch gleichwertig den die Lebermoose führenden Varianten.

Am SSO-Hang standen die Blöcke im ziemlich dichten Fichtenwald mit vereinzelten Buchen; Sonnenflecke dürften hier aber den Lichtempfang der Blockvegetation erhöhen. Alle Steine waren mit *Ctenidium molluscum*-Decken besetzt, darin fehlten aber die früher aufgezählten Moose. Es gab keine die Decken durchwachsenden

Stein	1	2	3	4	5	6	7	8
aufragend etwa cm	40	40	60	60	50	50	50	30
Ctenidium molluscum	5,5	5,5	5,5	5,5	5,5	4,4	5,5	4,4
Hylocomium splendens		+	+		r			
Schistidium apocarpum (an Seitenwänden)			+					+
Eurhynchium striatum					2	+?		
Lophozia sp.							r	
Oxalis acetosella	+	+	r	2,3	+	+		+
Asplenium trichomanes				1,2	+			
Carex sp., s. fl.			+			+	+	
Moehringia muscosa		+	+					
Hepatica triloba		+	+				+	+
Geranium Robertianum		+					+	
Cynanchum vincetoxicum		+						
Mycelis muralis								+

Moosstämmchen, dafür aber durchwegs vereinzelte, den Decken eingeschaltete Blütenpflanzen.

Auch dies erscheint als eine Variante der *Ctenidium molluscum*-Gesellschaft, augenscheinlich nicht so sehr durch größere Trockenheit, als durch höheren Lichtempfang im Wald am Südhang bedingt.

Ich glaube, die fünf genannten Kleingesellschaften zu einer soziologischen Einheit zusammenfassen zu sollen. Erst dieser kommt dann Mikroassoziationsrang zu. Ich schlage für die im Fichtenwald, und zwar im *Piceetum montanum* weit verbreitete Einheit den Namen *Ctenidietum mollusci praealpinum* vor. Die beschriebenen Varianten, die etwa als *barbatetosum, quinquedentatetosum, asperetosum* zu bezeichnen wären[1], verhalten sich innerhalb der Mikroassoziation so wie im Bereich der Großraumgesellschaften die Subassoziation zur Assoziation.

Recht bezeichnend nach bisheriger Erfahrung ist wohl die Bindung der *Ctenidium*-Mikroassoziation an den Fichtenwald. Es gibt im Buchenwald, der auf ähnlichem geologischem Substrat in klimatisch begünstigterer, feuchterer Lage, z. B. das Gebiet am Paß Lueg bedeckt, ganz ähnliche, von Moosen überzogene Kalkfelsen. Aber die Moosvereine sind dort von anderer Art, sie sind gekennzeichnet durch die Dominanz *Cirriphyllum Vaucheri*, das hier, ungleich kräftiger entwickelt als im Kalkfichtenwald, üppige Decken bildet und mit *Mnium marginatum, Anomodon* sp. *Pseudoleskeella catenulata* u. a. vergesellschaftet ist.

Ich sehe von einer definitiven Benennung dieser erst orientierend beobachteten Kleingesellschaft natürlich noch ab. Sie scheint am Nordrand unserer Kalkalpen weit verbreitet zu sein und wird in anderen Gebieten so gut oder besser als im Gollinger Gebiet studiert werden können. Zu vergleichen ist POELTS (1954 a, S. 158) *Cirriphyllum Vaucheri—Mnium rostratum*-Verein, wo kräftige pleurocarpe Typen dominieren, und die bei KOPPE (1955, S. 121) als Variante unseres *Cirriphyllum Vaucheri—Pseudoleskea catenulata*-Vereins beschriebene Gesellschaft. Die vikariierenden Kalkblockgesellschaften im Buchenwald der Thermalalpen bei Wien (Anninger- und Lindkogelgebiet) sind mir seit langem bekannt.

Soziologisch festzuhalten ist aber die Tatsache, daß die kalkblockbewohnende Moosgesellschaft im Buchenwald von der im Fichtenwald doch deutlich verschieden ist. Es liegen hier zwei Kleingesellschaften vor, die trotz ihrer relativen Selbständigkeit

---

[1] Da die Gattungsnamen der Lebermoose recht häufig wechseln, empfiehlt es sich wohl, bei der Gesellschaftsbezeichnung nomenklatorisch die Speziesnamen zu verwenden.

gegenüber der Großgesellschaft, der sie eingeschaltet sind, sich doch aufs deutlichste unterscheiden und damit ihre **Abhängigkeit von der Waldgesellschaft** bekunden.

Es wird dankbar sein zu untersuchen, wie das Vorkommen der Kleingesellschaften im einzelnen mit den ökologischen Standortsbedingungen zusammenhängt. Um abhängige Gesellschaften im Sinne BRAUN-BLANQUETS handelt es sich da und dort. Im Nadelwald ist die Beregnung mit Nadelstreu ein Faktor, der vom *Ctenidietum mollusci praealpinum* nachweislich gut ertragen wird; der relative Lichtgenuß bleibt hier das ganze Jahr hindurch ähnlich. Im Buchenwald finden sich nur abgefallene Knospenschuppen reichlich eingestreut in den schwellenden Moosrasen und vom Fallaub wird auf den Blöcken nur wenig liegenbleiben; dafür ist der Lichtgenuß hier starkem jahreszeitlichem Wechsel unterworfen. Im Winterhalbjahr bis zur Belaubung anfangs Mai steht den die Kalkblöcke bewohnenden Moosen Licht reichlich zur Verfügung, welches volle Assimilationstätigkeit und zumal im Frühjahr lebhaftes Wachstum erlaubt. Im Sommerhalbjahr wird der relative Lichtgenuß wesentlich geringer als im Nadelwald[1]. *Ctenidium molluscum* scheint hier der Konkurrenz der anspruchsvolleren, üppig wachsenden Pleurocarpen nicht gewachsen, wenn es auch an sich gut zusagende ökologische Bedingungen fände.

Im erwähnten Fichtenwald am Südfuß des kleinen Göll ob der vorderen Bluntau (*4* in Abb. 1) waren alle Kalkblöcke vom *Ctenidietum* besetzt, nur unter einer vereinzelten breiten Buche trug ein Block große Rasen von *Plasteurhynchium striatulum* (Lopr) Fleischer (det. POELT!).

Im Gollinger Gebiet fehlt die in trockenen Gegenden so häufige Vergesellschaftung von *Ctenidium molluscum* und *Tortella tortuosa* (STODIEK, POELT, KRUSENSTJERNA, KOPPE) oder sie tritt doch stark zurück[2].

---

[1] Über die Jahresperiodizität der auf beschatteten Waldsteinen vorkommenden Moose vergleiche man die im bryologischen Schrifttum zu wenig beachtete Arbeit von LACKNER (1939, S. 586).

[2] Die Moose freistehender Kalkblöcke in den feuchten Talschlüssen der Bluntau (*5* in Abb. 1) und in der ,,Kühschwalben'' (westl. v. *6* außer dem Kartenrand), die ich 1958 orientierend beobachtete, gehören einer in höherer Lage beheimateten Gesellschaft, die hier herabsteigt, an. Als Differentialarten erscheinen u. a. *Ditrichum flexicaule*, *Schistidium trichodon* (Brid) Poelt (det. POELT). *Tortella tortuosa* und *Pseudoleskea* sind häufig, *Ctenidium* ist spärlicher. Der Verein wird in der Höhenlage zu studieren sein, in der er seine Hauptverbreitung hat.

* *
*

Eine der häufigsten Moosgesellschaften des Gollinger Reviers in feuchterer, mesophoter Lage ist der *Fissidens adianthoides— Lejeunea cavifolia*-Verein. (Hz. u. Hö. 1944, S. 35). Wie gezeigt, findet er sich vorherrschend an den steilen und senkrechten Seitenwänden der Felsblöcke und Felssockel und den steilgeneigten Stufen anstehenden Gesteines. Die Kleingesellschaft verträgt keine Nadelstreu, die ja im Fichtenwald von den beiden früheren Vereinen schadlos ertragen wird. HERZOG hat in zwei Quadrataufnahmen (1944, S. 31, 36, Fig. 4, Fig. 5) von beschatteten, nordexponierten Blockwänden im *Piceetum* Artenliste und Deckung wiedergegeben. Der Gesamtbewuchs der Felsfläche erreicht dort knapp 50%. Doch wird die Deckung um so höher, je feuchter der Standort und je älter der ungestörte Bestand ist. — Im dauernd feuchten Irrgarten wurde der Verein im Jahre 1958 vielfach wieder betrachtet. Außer der namengebenden Art und *Ctenidium molluscum* treten auch *Scapania calcicola, Metzgeria conjugata, Encalypta streptocarpa*, seltener *Dichodontium pellucidum* mit in die Liste, die bei optimaler Ausbildung auch noch andere Arten der verwandten Vereine aufnimmt. Am 13. 8. 1958 habe ich im Irrgarten u. a. an einer beschatteten, SSO gelegenen Wand eines nur 2 m hohen bergfrischen Steinblockes die auf S. 557 wiedergegebene Liste aufgenommen. In der geschlossenen Moosdecke, worin die Arten mit großen reinen Rasen nebeneinander lagen, standen Gefäßpflanzen, die, für sich betrachtet, ein fragmentarisches *Asplenietum* darstellen, welches möglicherweise der *Asplenium viride*-Assoziation, Moor 1945, nahesteht (vgl. OBERDORFER 1956, S. 3, OCHSNER 1952).

Im trockeneren Gebiet um das Bartholomäuskirchlein, einem Standort, der 1941—1943 oft besucht worden war, fand sich der *Fissidens adianthoides—Lejeunea*-Verein 1958 an etlichen Blöcken nicht in gleicher Art wieder, sondern auf seine Kosten hatte sich *Neckera crispa* stark ausgebreitet. Das dürfte mit den Trockenjahren zusammenhängen. Wahrscheinlich hat auch der extrem kalte Winter 1956/57 an den nicht von Schnee bedeckten Steilwänden neue Kälte- bzw. Trockenschäden angerichtet. An mehreren schwächer exponierten Standplätzen gab es Reste abgestorbener, gebräunter *Fissidens*-Rasen, aber hier war *Fissidens* neuerdings in Ausbreitung begriffen, woraus hervorgeht, daß er im Gebiet vorübergehende Terrainverluste durch Dürre oder Kälte auszugleichen vermag. *Lejeunea cavifolia*, durch ihr sattes, helles Grün stark in Erscheinung tretend, findet sich in entsprechend geschützter Lage auch häufig auf kahlen, freibleibenden Felspartien.

Der *Fissidens adianthoides—Lejeunea cavifolia*-Verein wird sich als Mikroassoziation fassen lassen, obschon die Abgrenzung gegen

Nachbargesellschaften naturgemäß oft unscharf ist. Vgl. Hz. u. Hö., S. 37, Fig. 5.

Als ein Einzelvorkommen seien quadratmetergroße Decken von *Brachythecium rutabulum* (L.) Br. eur., etwa *var. robusta* (Br. eur.) (det. POELT) erwähnt, die im Gewirr des Irrgartens an einer Stelle einen glatten steilen Blockhang bekleiden. Darüber steht ein mächtiger, aus einer schmalen Kluft erwachsender Bergahorn; sein Fallaub führt augenscheinlich die Nährstoffe zu, welche das anspruchsvollere Moos hier und nur hier gedeihen lassen. Es handelt sich um kein „*Brachythecietum rutabuli*", sondern um eine einfache *Brachythecium*-Decke ohne Gesellschaftsrang, die hier im Irrgarten teilnimmt am Aufbau des Vegetationskomplexes, dessen Bausteine sonst die bezeichneten Moosvereine sind.

* *
*

Der Reihe der mesophoten Vereine möchte ich nach neuerlichem Studium den *Pedinophyllum interruptum*-Verein anschließen, der bei Hz. u. Hö. unter die oligophoten Verbände eingereiht war. Ich fand ihn im Gebiet des Irrgartens (3 in Abb. 1) und der anstehenden Felskulissen am waldbeschatteten Steilhang des kleinen Göll, aber auch im Wasserfallgebiet sehr häufig wieder. Es scheint, als ob er, wohl wieder im Gefolge der trockenen Jahre, sich an manchen Plätzen ausgebreitet hätte, wo vorher der mehr hygrophile *Haplozia riparia—Lophozia Mülleri*-Verein heimisch war. Bei meinen Versuchen über plasmatische Trockengrenzen der Jahre 1942 und 1943 hatte sich für *Pedinophyllum* eine überraschend hohe Trockenschwelle ergeben, indem bei 60% rel. Luftfeuchtigkeit noch alle, bei 50% die noch meisten, ja bei 25% noch ein wesentlicher Teil der Zellen lebend gefunden worden war. Damit steht im Einklang, daß *Pedinophyllum* sicher keinerlei Schädigung in der Zeit zwischen 1943 und 1958 erfahren hat. Bei Hz. u. Hö. (1944, S. 51) war gerade von den Trockenformen der Gesellschaft die Rede, die an Höhlendecken und ähnlichen Stellen gedeihen, welche nie beregnet und nur unter günstigen Umständen von Sicker- und Tropfwasser befeuchtet werden. Doch ist das nur eine mehr xerophile und eben oligophote Variante des Vereines. Häufiger finden sich aber üppige dunkelgrüne geschlossene *Pedinophyllum*-Decken an freien Steilwänden anstehenden Gesteines, die bergfeucht sind, dazu im Irrgarten in senkrechter bis horizontaler Lage an allen geeigneten Lokalitäten. Nur Besonnung scheint von dem sonst so üppigen und konkurrenzfähigen Moos nicht vertragen zu werden.

Es wäre von großem Interesse, für Pedinophyllum die Bestrahlungsresistenz nach der Methode BIEBLS (1953) zu untersuchen.

Einer auffälligen Beobachtung sei gedacht. Die *Pedinophyllum*-Rasen können sowohl auf dünnen Schichten feuchter Rendzina als auch unmittelbar auf Dachsteinkalk aufliegen. Sie sind im ersten Fall leicht, im zweiten Fall schwer vom Substrat abzuheben. Ich fand nun, daß der Kalkstein unterhalb der *Pedinophyllum*-decken aufgelockert, ja in dünner Schicht zu einem weißen, mit dem Taschenmesser leicht zu durchschneidenden Pulver umgewandelt war.

Natürlich bestehen zwei Möglichkeiten, die Erscheinung zu verstehen. Es könnte das *Pedinophyllum* selbst etwa mit Hilfe von Säureausscheidung seiner Rhizoiden den Dachsteinkalk angreifen oder es wäre dies die Funktion einer vorangegangenen Pioniergesellschaft, etwa aus mikroskopischen Blaualgen, gewesen und *Pedinophyllum* hätte sich nachher des aufgelockerten Substrates bemächtigt. Ich habe bei zwei Exkursionen am 11. und 13. 8. 1958 der Frage meine Aufmerksamkeit zugewandt. Auf anstehendem, bergfeuchtem Dachsteinkalk einer von Fichten beschatteten Felskulisse, die ich auch 1942 und 1943 öfters besucht hatte, fand sich ein Komplex aus *Neckera crispa*-Gehängen, aus Moosen des *Fissidens—Lejeunea*-Vereines und aus Moosen, welche die davon frei bleibenden, senkrechten Felspartien besetzt hielten. Hier gab's nun nebeneinander einerseits schwer ablösbare Decken des seltenen *Hypnum Sauteri*: unter diesen war der harte Dachsteinkalk nicht im mindesten angegriffen; daneben an gleichen Stellen aber Decken von *Pedinophyllum*: unter ihnen war der Kalk angegriffen und oberflächlich zu einem weichen, weißen Pulver umgewandelt, ganz ähnlich wie vielfach im Irrgarten. — Ist auch die Frage damit nicht endgültig entschieden, so spricht doch die Beobachtung dafür, dem *Pedinophyllum* selbst die aktive Rolle bei der Gesteinslösung zuzuschreiben.

Möglicherweise steht mit dieser Fähigkeit die herrschende Stellung des *Pedinophyllum*-Vereines im Gebiet des glatten, harten Dachsteinkalkes im Zusammenhang. Der Verein entspricht einer lokalen Kleinklimax und hat sicherlich Mikroassoziationsrang. Auf eine oligophote Variante wird (S. 562) zurückzukommen sein.

* *
*

Im Gegensatz zu den beschriebenen Vereinen, die auf Felsen und Blöcken flächig ausgebreitet sind und die Hauptkontingente im Gesellschaftskomplex der Moosvegetation stellen, wurden bei

HERZOG und HÖFLER einige Verbände unterschieden, die, an die Kanten der Blöcke und Wandstufen oder den Grund der Felswände und -blöcke gebunden, nur streifenförmig ausgebildet sind und daher räumlich an Umfang zurücktreten: Der *Metzgeria conjugata— Plagiochila asplenoides*-Verein, der *Neckera crispa*-Verein, der *Isopterygium depressum—Rhynchostegium murale*-Verein und die damals unter den oligophoten Verbänden genannte *Isopterygium*-Variante des *Pedinophyllum*-Vereines (Hz. u. Hö. 1944, S. 33, 34, 37, 52). Sie alle finden sich allein oder vornehmlich an den Grenzen unterschiedlicher Lebensorte und kennzeichnen den schmalen Grenzbereich als eigenen Biotop.

Den *Metzgeria-Plagiochila*-Verein bilden, je nach Exposition und Feuchtigkeit der Einzelstandorte, üppig schwellende oder kümmerlich xeromorphe *Metzgeria conjugata*-Rasen. Solchen verschiedenen Standplätzen hatte ich vergleichend das Material für meine Trockenhärtungsversuche entnommen, worüber früher (1944, S. 81, 1945, 1950) berichtet worden ist. Im Jahr 1958 fand ich die alten Fundstellen reduziert; die Trockenjahre hatten sich deutlich ausgewirkt. Im immerfeuchten, tiefen Teil des Irrgartens waren hingegen die Bestände unvermindert erhalten. An einem niedrigen Felsblock in Schattenlage fand ich einen üppigen *Metzgeria-Plagiochila*-Rasen von $1/_2$ m² Ausdehnung, der die ganze senkrechte Wand bedeckte, also nicht wie sonst auf einen Streifen an der Kante beschränkt war. Unter üppigsten Verhältnissen ist eben die Art des Moosbewuchses durch den Biotop nicht eindeutig festgelegt: Gleiche Stellen nimmt ja sonst meist der *Fissidens—Lejeunea*-Verein ein. Allerdings zeigte sich bei näherer Untersuchung, daß der Fels aus Einzelblöcken aufgebaut und daß unter dem schwellenden Moosrasen eine Luftschicht vorhanden war, in der sich unter anderem Eigelege von Schnecken fanden. Der üppige, dicke Moosvorhang aus *Metzgeria* und *Plagiochila* umhüllte, ohne festzuhaften, den rinnig zerklüfteten Felsblock bis zum Grunde. Nackte, vorstehende Felsteile daneben waren von hellgrüner *Lejeunea cavifolia* besetzt. —

Der *Neckera crispa*-Verein (Hz. u. Hö. 1944, S. 34) hatte, wie schon erwähnt, im mäßig feuchten Blockbereich seit 1943/44 an Verbreitung gewonnen. Oft tritt er im Mosaik mit dem *Fissidens-Lejeunea*-Verein auf, ohne daß dadurch sein Charakter als selbständige Kleingesellschaft verloren ginge.

Am Südosthang des kleinen Göll trägt ein 3 m hoher Felsen (nach Aufnahme vom 6. 8. 1958) an der ostexponierten Wand: *Ctenidium molluscum* 4.5, dazu Flechten an von Moos freien Feldern — um eine stumpfe Ecke in NO-Exposition aber *Neckera crispa* 3.5. *Neckera* geht weiter mit geringer Deckung 1.1 auf die der Sonne offene Ostfläche über, auf dem freien lichten Oberteil der Wand aber kriechen bis 20 cm lange Initialsprosse von *Camptothecium lutescens* 1.2. Von der ganzen Wandfläche entfallen auf den *Ctenidium molluscum*-Verein 3 m², auf den *Camptothecium*-Verein 1 m², auf den *Neckera crispa*-Verein 2 m². Gefäßpflanzen finden sich nur innerhalb des *Ctenidium*-Rasens, und zwar *Cynanchum vincetoxicum* 1.1, *Cicerbita muralis* +.2, *Geranium Robertianum* 2.1, *Asplenium septentrionale* 1.2, *Asplenium ruta muraria* +, zum Zeichen, daß von den drei den Komplex zusammensetzenden Kleingesellschaften das *Ctenidietum mollusci*, vom Standpunkt natürlicher Sukzession betrachtet, als Keimbett für Gefäßpflanzen den größten Aufbauwert besitzt.

Im Irrgarten geht *Neckera crispa*, die sonst so oft artreine Decken und Hängerasen bildet, als Komponente auch in üppige Gesellschaftsindividuen des *Fissidens—Lejeunea*-Vereines ein. Als Beispiel eine Aufnahme vom 13.8.1958:

Fissidens adianthoides c. fr. 3.2, optimal entwickelt
Encalyptra streptocarpa 1.2
Metzgeria conjugata 2.1
Scapania vgl. *calcicola* 1.2
Neckera crispa 1.1,

dazwischen einzelne Pflanzen von *Asplenium viride* 1.1, *A. trichomanes* 1.1, *A. ruta muraria* +, *Oxalis acetosella* +, *Cardamine trifolia* +.

Die geschlossene Moosdecke, die das Kleingesellschaftsindividuum bildet, deckt die senkrechte Wand, unter ihr ist der Dachsteinkalk nicht angegriffen. Tiefer gegen den Grund des Felsens finden sich, wohl abgegrenzt, am kahlen Stein leicht anhaftende Decken von *Haplozia riparia* und schwarzgrüne, nicht ablösbare Krusten von *Pedinophyllum interruptum*, worunter der Dachsteinkalk wieder pulverig zersetzt erscheint. Die Grenzen der Komponenten des Gesellschaftsmosaiks verlaufen ziemlich scharf.

Am Grund von Felswänden und Blöcken werden bandförmige Zonen recht allgemein von einem gut abgesetzten Moosverein eigenen Charakters eingenommen, der bei HERZOG und HÖFLER — aus dem feuchtschattigen Irrgarten — als *Isopterygium depressum—Rhynchostegium murale*-Verein, von POELT (1954, S. 156) — im Alpenvorland — als *Rhynchostegium murale*-Verein beschrieben wurde. Das exklusivere „Gurkenmoos" *Isopterygium* findet sich eben nur an bevorzugter Lokalität, seine Feuchtigkeits-, vielleicht auch Nährstoffansprüche erscheinen höher, seine Lichtansprüche geringer als beim weit verbreiteten, auch an feuchten Mauern als Initialmoos häufigen *Rhynchostegium*. Was bei Hz. u. Hö. (S. 51) als *Isopterygium*-Variante des *Pedinophyllum*-Verbandes unterschieden wurde, möchte ich, POELT (S. 167) folgend, abtrennen und als selbständigen *Isopterygium* (= *Taxiphyllum*) *depressum*-Verein führen. POELT hat ihn in seinem Arbeitsgebiet an überhängenden, tiefschattigen, spritznassen, glatten Wänden gefunden, wo er, im bayerischen Kiental, an Nagelfluhblöcken über dem Bachbett eine Zone bildet, „ein Fall, wo eine Art außerhalb ihres Optimums vereinsbildend auftritt, während sie an den geeignetsten Wuchsplätzen bereits wieder von Konkurrenten bedrängt wird" (1954, S. 168 und Abb. 3).

Schon im Irrgarten ist mit dem durch seinen Duft kenntlichen „Gurkenmoos" meist vergesellschaftet das von HERZOG 1944 beschriebene, bei EBERHARDT (1946) abgebildete *Oxyrhynchium Swartzii* forma *cavernarum*, so daß man versucht ist, es mit zur Namensgebung des Vereines zu verwenden. Die Kleingesellschaft hieße dann *Taxiphyllum depressum—Oxyrhynchium Swartzii* fo. *cavernarum*-Verein.

Ich fand bei einer Exkursion in das Bluntautal am 6. 8. 1958 im Talschluß am Grund der hohen, nordgelegenen, von Blaualgenbewuchs schwärzlichen Dachsteinkalkwände (vgl. S. 545), geschützt durch eine vorgelagerte, geneigte Kalkschutthalde, einen zusammenhängenden Streifen aus lockeren Moosen, der zum größten Teil aus *Oxyrhynchium* bestand. Dazwischen krochen Stämmchen einer etwas xeromorphen Form von *Lophozia Mülleri* mit gestreckten, locker beblätterten Sprossen und grob höckeriger Cuticula, dazu gab's einzelne Büschel von *Orthothecium rufescens* und *Riccardia pinguis* in der Unterschicht. Der streifenförmige, weithin gedehnte Bestand entspricht wohl einer minder hygrophilen Variante des *Taxiphyllum depressum—Oxyrhynchium Swartzii*-Vereines.

* *
*

Der artenreiche, von HERZOG gekennzeichnete *Barbula paludosa*-Verein (Hz. u. Hö., S. 39) ist von dem als Großraumgesellschaft weit verbreiteten, Tuff absetzenden *Cratoneurum commutatum*-Verein (vgl. WALTHER 1942) klar geschieden.

Die namengebende *Barbula paludosa* Schleicher = *Barbula crocea* (Brid.) Web. et Mohr ist in den Lammeröfen — in bergfrischer Lage auf Verwitterungsschicht über Gosaukalk — eine wichtige Art, sie fand sich auch reichlich als Begleiter anderer Mooskleingesellschaften wieder. Ich verdanke Herrn Doz. Dr. POELT,

München, die Bestimmungen. Das Moos horstet auch auf Nagelfluhfelsen der Schwarzbachschlucht, während es auf glattem Dachsteinkalk zurücktritt oder zu fehlen scheint.

Der *Orthothecium rufescens—Plagiopus Oederi*-Verein (Hz. u. Hö. 1944, S. 40) stellt meiner Meinung die Mooskomponente einer Großraumgesellschaft dar, der der Rang einer BRAUN-BLANQUETschen Assoziation zukommt. Charaktermoose und Differentialarten dieser Kalkschluchtgesellschaft wurden aufgezählt, dazu eine Reihe begleitender Ubiquisten. HERZOG (l. c. S. 41) zeichnet ein schematisches Profil durch die Schwarzbachschlucht, das die Anordnung der Arten auf der Sonnen- und Schattenseite und die Vertikalzonierung erkennen läßt. Nach der Ausbildung in der Schwarzbachschlucht wäre vielleicht nicht *Orthothecium* und *Plagiopus* zur Namengebung ausgewählt worden, denn zumal das letztere Moos ist hier relativ selten. Doch hat HERZOG die Gesellschaft mehrfach in den Alpen, aber auch im Jura und in Kalkinseln im Kristallin des Schwarzwaldes beobachtet und damit ihre weite geographische Verbreitung nachgewiesen. Sie muß also durchaus mit dem HERZOGschen Namen bezeichnet werden. Es fiele leicht, eine Reihe von Kleinvereinen herauszuheben, die die moosreiche Großraumgesellschaft zusammensetzen. So fand ich bei meinem Besuch in der Klamm 1958 auf der zeitweilig kurz besonnten Nordwand in Nagelfluh-Ritzen *Gymnostomum rupestre* dominant, z. T. mit kümmerlicher *Barbula crocea* (= *paludosa*) vergesellschaftet. Es handelt sich um den *Gymnostomum rupestre*-Verein (POELT 1954, S. 159), für den der Autor Einzelaufnahmen aus der Maisinger Schlucht mitteilt.

HERZOGS erwähntes Profil bringt die Gürtelung der Moosvegetation in der Schwarzbachschlucht anschaulich zum Ausdruck. Auf seine Liste der Charakterarten des Großvereins sei verwiesen. Die artenreiche Gesellschaft ist an ungestörten Felspartien wohl ausgeglichen. „Bezeichnend aber ist, daß keine der Arten, auch nur für einen Quadratmeter, die Herrschaft völlig an sich reißt und dadurch das Bild uniformiert. Vielmehr herrscht in der Verteilung eine hohe Ausgewogenheit, bei der jeder Art der ihr geeignete Platz zukommt und wo sie in Harmonie mit den übrigen Gesellschaftsgliedern wächst. Zur Herausbildung eines solchen Gleichgewichtes bedarf es allerdings einer langen ungestörten Entwicklung, während ein stiller Kampf um den Platz zur endlichen Entscheidung und Einteilung des Raumes führte" (l. c. S. 42). Der Bryologe findet hier das erste biocoenotische Grundgesetz von THIENEMANN, das in der Limnologie so wohl bekannt ist, in schöner Weise verwirklicht.

Gleichwohl könnte der *Orthothecium rufescens—Plagiopus Oederi*-Verein, wenn man von solchen Stellen optimaler Ausbildung absieht, in seinem übrigen Areal auch als ein Komplex aus Kleinvereinen aufgefaßt werden, die in den Schluchten, nach Licht, Besonnungsdauer, Feuchtigkeit angeordnet, einen Zonationskomplex aufbauen.

Der prächtige, bei Hz. u. Hö. anschließend als Variante beschriebene *Orthothecium rufescens—Didymodon giganteus*-Verein findet sich in schönster Ausbildung in der Spritz- und Feuchtluftregion des unteren Gollinger Wasserfalles; er wurde bei allen meinen Aufenthalten wieder beobachtet; begleitende ,,Trennarten" sind *Plagiobryum Zierii, Meesea trichodes, Timmia norvegica*.

Die bryologisch interessanten Lammeröfen habe ich 1958 nur auf einer Exkursion (am 3. 8.) wieder besucht. Von den letztgenannten Vereinen abzutrennen ist nach meinen Eindrücken (die freilich weiterer Revision bedürfen) eine Artenverbindung, die hier als Moosschicht dem an den schattseitig gelegenen feuchten Hängen weit herabsteigenden *Caricetum firmae* angehört (und mit der bei OCHSNER [1954, S. 289] beschriebenen moosreichen Subassoziation alpiner Lage nicht zusammenfällt). *Orthothecium rufescens* dominiert, es bildet die Moosoberschicht, *Riccardia pinguis* die Moosunterschicht. *Barbula paludosa* (= *crocea*) ist häufig. Außer begleitenden Kalkubiquisten fand ich stellenweise luxuriierende Decken des alpinen Mooses *Cirriphyllum cirrhosum* (Schwgr.) Grout (det. POELT!), dessen Vorkommen bei 650 m schon von HERZOG, jetzt von POELT als etwas Außergewöhnliches hervorgehoben wird. Es dürfte sich, angesichts der geographischen Lage, um ein (Eiszeit-?) Reliktvorkommen handeln. Für den ,,*Orthothecium rufescens—Riccardia pinguis*-Verein", der als Moosschicht des in die Tiefe herabgestiegenen *Caricetum firmae* nach neuerlichen Studien zu beschreiben sein wird, wäre *Cirriphyllum cirrhosum* eine lokale Charakterart; nach weiteren solchen wäre zu suchen.

POELT (l. c. S. 153) hat in seinem Gebiet als seltenen Besiedler schattigen und feuchten Kalkgruses *Moerckia Flotoviana* angetroffen. ,,Die geringe Menge und Stetigkeit der *Moerckia*" hielt ihn indes ab, ,,die vielleicht konstante Gesellschaft" zu benennen. Ich fand diese Gesellschaft am 3. 8. 1958 im oberen Teil der Lammeröfen in bester Ausbildung wieder. Auf lehmig-sandigem, kalkreichem Grus, etwa 45⁰ geneigt und mäßig beschattet, stand die Moosgesellschaft, die sich aus bestentwickelter *Moerckia* c. fr., *Pellia Fabbroniana* c. fr., *Conocephalum conicum, Barbula paludosa* Schleicher (= *B. crocea* [Brid.] Liebe), *Fissidens adianthoides*,

Mnium und Initialen von *Ctenidium molluscum* zusammensetzte. Große Rasenstücke wurden nach Wien gesandt und in Kultur genommen. Für *P. Fabbroniana* hatte ich (1944, S. 78) gezeigt, daß sie im Exsiccatorversuch sehr wenig austrocknungsresistent ist. Sie erhält offenbar durch ständigen Wassernachschub aus Böden guter Wasserführung ihre Bilanz auch auf Standorten mäßiger Luftfeuchtigkeit aufrecht. Einen ähnlichen Wasserhaushalt dürfte *Moerckia* haben.

Ich stehe nicht an, den auffälligen Verein als *Moerckia Flotoviana—Pellia Fabbroniana*-Verein (POELT) mihi zu bezeichnen.

* *
*

Der *Lophozia Mülleri—Haplozia riparia*-Verein Hz. u. Hö. (= *Solenostoma triste—Leiocolea muelleri*-Verein POELT, S. 149) ist durch seine physiologischen Trockengrenzen interessant. Der kritische Grenzwert liegt im Exsiccatorversuch für *Haplozia riparia* und *atrovirens* bei 10 Vol.-% H_2SO_4, das ist, bezogen auf 20°C, um 90% rel. Luftfeuchtigkeit, und für *Lophozia Mülleri* bei 15 Vol.-% H_2SO_4, das ist bei 82% rel. F. Eine Austrocknung, die diese Grenzen überschreitet, ist für beide Moosen tödlich. Wo die Rasen „in der Art abgelöster Tapeten über die glatten Gesteinsflächen frei herabhängen", kommt ein Wassernachschub durch Rhizoiden nicht in Betracht und der Verein ist also echter Kleinklimaanzeiger im Sinne meiner früheren Arbeiten (1942, 1943, 1950b). — Im Abtropfbereich des Regenwassers fand ich 1958 *Haplozia riparia* im Irrgarten vielfach wieder. Von exponierteren alten Standorten war sie allenthalben verschwunden, stellenweise, wie's schien, durch *Pedinophyllum* verdrängt.

POELT bringt Aufnahmen der Gesellschaft aus der Maisinger Schlucht, wo sie recht lebenskräftig auftritt und auch teilweise kurze Besonnung erträgt. Wenn diese im Irrgartengebiet im allg. vermieden wird (Hz. u. Hö., S. 77), so trägt hieran nicht die Strahlenempfindlichkeit der *Haplozia* die Schuld, sondern die Trockenempfindlichkeit, d. h. der Umstand, daß die Übererwärmung der bestrahlten Moosdecken auch in rel. feuchter Luft zu einer Verdunstungsgröße führen würde, die derjenigen nicht erwärmter Rasen bei trockenerer Luft entspricht.

* *
*

Die übrigen, bei Hz. u. Hö. behandelten Vereine, die die Höhlen, Balmen und lichtarmen Einsenkungen des Irrgartens bewohnen, sind, wie schon 1944 hervorgehoben, eng miteinander verknüpft. Ihre Grenzen verwischen sich oft so, daß es sich empfehlen könnte, sie alle in einer einzigen kontinuierlichen Reihe zu einer Mikroassoziation zu vereinigen. Dann wären die unterschiedenen Kleinvereine r, t, u (vgl. S. 544) lichtbedingte Varianten einer Gesellschaft. Sie wäre etwa als *Orthothecium intricatum — Mnium serratum*-Gesellschaft zu bezeichnen und erst diese besäße Mikroassoziationsrang.

Eine der charakteristischen Varianten, ein Kleinverein, den ich 1958 an vielen Stellen des Irrgartens im gedämpften, aber noch nicht ganz schwachen Licht an Balmeneingängen fand, möchte ich des ökologischen Interesses halber, das sich an ihn knüpft, näher beschreiben. Es ist der *Encalyptra contorta — Pedinophyllum interruptum*-Verein.

Die namengebenden Moose finden sich in typischer Vergesellschaftung überall in Schattenlage an Höhleneingängen. Sie bilden zwei Stockwerke: *Pedinophyllum* als Unterschicht baut zusammenhängende Decken, die von den senkrechten Sprossen der *Encalyptra* durchwachsen werden. An ungestörter Stelle erstreckt sich ein solcher Rasen halbmeterweit vom lichteren zum schattigeren Areal. Vorne steht *Encalyptra* locker, aber doch so dicht, daß man die Soziabilität mit 3 bezeichnen kann, beim Auseinanderbiegen der Stämmchen wird aber überall *Pedinophyllum* sichtbar. Hinten ist die *Pedinophyllum*-Decke nur von einzelnen *Encalyptra*-Stämmchen durchwachsen. Die Abnahme der Dichte der Stämmchen erfolgt stetig. *Pedinophyllum* selbst ist im Wachstum noch nicht oder kaum geschwächt. Leider hatte ich 1958 Photozellen zur Lichtmessung nicht zur Hand.

In anderen Balmen, wo im Halbschatten *Orthothecium intricatum* dominiert, ließ sich wieder beobachten, daß *Mnium serratum* erst weit innen im tiefen Schatten auftritt. Vgl. Hz. u. Hö. 1944, S. 50. Wir hatten (S. 70) für ein *Orthothecium*-Band an einem überdachten Sockel 2,5%, an der Dunkelgrenze der *Orthothecium*-Decke 1,7% prozentueller Belichtungsstärke und an einem überdeckten, dunklen Felseneingang im üppigen *Mnium serratum*-Rasen 0,8% bestimmt. Die Dunkelgrenze von *M. serratum* liegt noch tiefer. BIEBL (1954, S. 511) mißt an der äußersten Dunkelgrenze Werte des relativen Lichtgenusses 0,17—0,25%. Wie BIEBL zeigte, hatten LÄMMERMAYRS, mit dem WIESNERschen Insolator ausgeführten Messungen doch vielfach noch zu hohe Werte des relativen Lichtgenusses ergeben. Erneute Lichtmessungen im Gollinger Gebiet, in der Art der von BIEBL angestellten und kombiniert mit Bestimmungen der Licht- bzw. Sonnenscheinresistenz der oligophoten Moose, wären von großem Wert.

Aquatische Gesellschaften.

Die Gesellschaftsgruppe der Wassermoose ist in den letzten Jahren besonders eingehend studiert und auch vegetationssystematisch mit Erfolg gegliedert worden (v. HÜBSCHMANN 1953, 1957 b, PHILIPPI 1956, SCHWICKERATH 1944, KOPPE 1945). Eine grundlegende Studie stammt von Walo KOCH (1936).

Aus unserem Gebiet wurden bei HERZOG und HÖFLER (1944) unter x, y, z (vgl. S. 545) die Moosvereine aus dem schnell fließenden Schwarzbach, dem Abfluß des Gollinger Wasserfalles beschrieben. Ich traf die Vereine 1958 unverändert wieder und habe dem damals Gesagten nichts hinzuzufügen. Auch im rasch fließenden Torrenerbach in der Bluntau (ob *5* in Abb. 1) fanden sich die Moosvereine in ähnlich guter Ausbildung wieder. In einem fast stehenden Seitenwasser im unteren Bluntautal, das aber, wie's schien, unterirdisch ständigen Zu- und Abfluß von Bachwasser hatte, war *Fontinalis antipyretica* in quadratmetergroßen Rasen vorhanden, die artrein, das heißt ohne beigemengte andere Moose, dafür aber von einer *Spirogyra* sp. reich durchsetzt waren. Es ist der *Fontinalis antipyretica*-Verein (POELT 1954, S. 164, vgl. HERZOG 1943), der wie schon die Spirogyren zeigen, gewissen Kalkgehalt des Wassers, vielleicht auch zeitweilige Erwärmung braucht und im Gebiet von schnellströmenden Wässern ausgeschlossen ist.

Von den Gesellschaften des Wasserfallgebietes wurde nur der *Thamnium*-Verein (Hz. u. Hö 1944, S. 64) neuerlich untersucht. Ein optimal ausgebildeter Einzelbestand findet sich im Quellbecken des Wasserfalles bei 567 m Seehöhe. Der Hintergrund des Beckens ist grottenartig in den Fels eingewölbt, der Vordergrund frei und schattig, der Boden von großen, locker gelagerten, aus dem Wasser ragenden Kalkblöcken überdeckt. — Die Aufnahme erfolgte am 29. 7. 1958 in gemeinsamer Arbeit mehrerer Teilnehmer der Exkursion des Pflanzenphysiologischen Instituts, die am 28. und 29. 7. das Gebiet besuchte — Karl BURIAN, Dieter FÜRNKRANZ, Gabriele HAYBACH, K. HÖFLER, Luise HÖFLER, Erich HÜBL, Siegfried PRUZSINSZKY, Erna STEINLESBERGER, Walter URL, Gertrude WUNDERLICH — und ergab folgende Artenliste:

Thamnium alopecurum	4.3
Platyhypnidium (Rhynchostegium) rusciforme	2.3
Hygroamblystegium irriguum	+

Cinclidotus aquaticus 2.3
Orthotrichum nudum .... +
Rhynchostegiella Teesdalei .... +.2—3
Brachythecium rivulare 1.2
Haplozia riparia 1.1
Fissidens adianthoides.................... +⁰
Ctenidium molluscum 1.2
Tortella tortuosa .... r⁰
Aneura pinguis .... +

Im tiefsten Dunkel der Grotte wurde von cand. phil. Karl BURIAN aus dem Wasser *Rhynchostegiella Teesdalei* hervorgeholt, die dort an der Schattenseite der Kalkblöcke noch ihr Fortkommen findet und sicherlich die geringsten Lichtansprüche unter allen subaquatischen Moosen stellt.

Der Einzelbestand verdient schon deshalb beschrieben zu werden, weil HERZOG hier im Quellbecken das überaus seltene Moos entdeckt hat, das damals nur auf einem einzigen Stein zwischen den Blöcken im tiefsten Schatten zur Beobachtung kam. *Rhynchostegiella Teesdalei* war neu für die Flora von Österreich und von Deutschland. ,,Ihr fast ausschließliches Verbreitungsgebiet sind die britischen Inseln und außerdem wurde sie noch in der Schweiz zwischen Walen- und Züricher See und von einigen Standorten in Schweden bekannt''. Vgl. LIMPRICHT (1904).

Sie erscheint somit als Charaktermoos des *Thamnium*-Vereines im exklusivsten Sinn. Auf *Rhynchostegiella Teesdalei* einen eigenen aquatischen Verein zu gründen, wäre freilich auch möglich, vielleicht empfehlenswert, da das Moos ja an dunkelsten, nach dem Höhlengrund gewandten Blockwänden allein noch auftritt und vielleicht auch für die moosrasenbewohnende Tierwelt einen Biotop eigener Art darstellt. Doch verbliebe dann *Rh. Teesdalei* auch in der Aufnahme des *Thamnium*-Bestandes der vorderen Quellgrotte als übergreifende Art.

Tiefe, schmale Klüfte neben dem Zugangssteig zum Becken, von kühler, wasserdampfgesättigter Luft gefüllt, führten Algenrasen, die näher zu studieren und anderorts zu beschreiben sein werden.

Waldboden-Vereine.

Drei Moosgesellschaften des Waldbodens wurden bei HERZOG und HÖFLER (1944) behandelt. Der *Eurhynchium striatum — Mnium undulatum*-Verein, der bekanntlich die Moosschicht des *Piceetum montanum* auf Kalkboden kennzeichnet, findet sich im Gebiet über jungen Skelettboden in schöner Ausbildung, Artenlisten bei Hz. u. Hö., S. 9f. und andernorts; vgl. KRUSENSTJERNA 1945, S. 139. Es handelt sich hier aber doch um keine gegenüber der Großraumassoziation selbständige Kleingesellschaft, sondern um die Moosschicht der Waldgesellschaft, die als Moosverein herausgehoben wird, also um eine ,,Sozion" im DU RIETZschen Sinne.

Der *Plagiochila—Trichocolea*-Verein (Hz. u. Hö., S. 12) wurde im Irrgarten unverändert angetroffen. Von Interesse ist aber das Schicksal der 1942 und 1943 beobachteten *Hookeria lucens*-Variante. Ich hatte ihr noch im Jahre 1944 mein Material entnommen, als ich mit *Hookeria* physiologisch arbeitete. Schon 1948 hat sich dann gezeigt, daß das namengebende Moos in den Dürrejahren sehr gelitten hatte. Die Bestände ob der Schlucht des Schwarzbaches, die am rechten Ufer auf flach geneigtem Waldboden vorhanden waren, deren damalige Artenliste bei Hz. u. Hö., S. 12, mitgeteilt ist, waren ausgebrannt und verschwunden und *Hookeria* ist dort bis 1958 nirgends zurückgekehrt; allerdings mögen einige beschattende Bäume gefällt worden sein.

Dagegen wurde *Hookeria* 1958 im weiteren Gebiet an geschützten Orten als Waldbodenmoos mehrfach wieder gesammelt, so von Luise HÖFLER im Buchenwald der Lammeröfen und im *Piceetum montanum* etwa 2 km nordwestlich vom Gollinger Wasserfall im ,,Wehrhardt-Wald" am unteren N-Hang des kleinen Göll. Sie war dort auf schwach nordgeneigten Waldboden mit *Mnium undulatum*, *Mn. punctatum*, *Plagiochila*, *Plagiothecium* sp. vergesellschaftet. Die dichten *Hookeria*-Decken mit ihren dachziegeligen Flachsprossen lassen kein anderes Moos zwischen sich durchsprießen. Im übrigen ist *Hookeria* im Gebiet einigermaßen gesellschaftsvag (vgl. GAMS 1928, S. 72), sie geht z. B. im Wehrhart vom Waldboden auch auf senkrechte Steilstufen in die Gesellschaft locker wachsender Kalkmoose und am oberen Gollinger Fall im Bereich der Kaltluft und des Wasserstaubes tritt sie als bescheidenes Element mit kleineren Polstern in die artenreiche Moosgesellschaft, die zum *Orthothecium rufescens—Plagiopus Oederi*-Großverein zu stellen ist, mit ein. Dort im Wasserfallrevier hatte Luise HÖFLER das Moos auch 1948 kurz nach dem Trockenjahr noch vorgefunden.

Ich habe mit *Hookeria* schon 1944 Austrocknungsversuche in Dampfkammern abgestufter Luftfeuchtigkeit mit der von den Lebermoosen her geläufigen Methode angestellt. Im einfachen Reihenversuch liegt die kritische Trockengrenze ziemlich niedrig. Gerade hier konnte ich aber zum ersten Mal beobachten, daß, im Gegensatz zu den Lebermoosen, auch weit über den Trockenschwellen, also in Dampfkammern, wo der Großteil der Zellen getötet ist, sich manche Zellenzüge oder -gruppen nach dem Aufweichen noch als lebend erwiesen. Dies legt den Verdacht nahe, daß es sich auch beim Absterben im Bereich der Kammern mittlerer Dampfspannung nicht um einfachen plasmatischen Trockentod (wie ja nachweislich bei den Lebermoosen), sondern um mechanische Schädigungen im Sinne ILJINS handeln kann.

Wolfgang ABEL (1956) hat dann in seinen umfassenden Untersuchungen über die Austrocknungsresistenz der Laubmoose die Frage eingehend verfolgt und er hat zeigen können, daß bei den Laubmoosen solch mechanischer Trockentod weit verbreitet ist, ja im Laboratoriumsversuch in mit H_2SO_4 gefüllten Exsiccatorreihen die Regel bildet. Nur bei gewisser Methodik, Vorbehandlung der Moose in Kammern über 10 Vol.-% H_2SO_4, also unschädlicher Vortrocknung und nachfolgender Übertragung in die Exsiccatorreihen, hat sich die Fehlerquelle durch mechanische Plasmaschädigung soweit zurückdrängen lassen, daß er vergleichbare Trockengrenzen für verschiedene Moose erzielen konnte. Bei *Hookeria* (S. 670) lag die primäre Trockengrenze für frisch in die Kammern eingebrachtes Material bei 72% relativer Luftfeuchtigkeit.

Von ökologischer Warte zeigen jedenfalls die Versuche, gleichviel ob plasmatische oder mechanische Trockenschädigung vorliegt, daß auch schon eine mäßige Lufttrockenheit für *Hookeria* tödlich ist. Die verheerende Wirkung der Trockenjahre 1946/47 auf *Hookeria*-Bestände[1] wird damit geklärt.

[1] Im Wienerwald ist *Hookeria lucens* nur von einem Standort bei Rekawinkel bekannt. Dieser wurde vom Bryologen FÜRST entdeckt. Mein Lehrer der Bryologie Prof. Viktor SCHIFFNER hat ihn mir am 28. Oktober 1928 gelegentlich einer Exkursion der Zoologisch-Botanischen Gesellschaft gezeigt. Das Moos bedeckte dort als Dominante in üppig fruchtenden Rasen über 100 m weit den halbschattigen Hang an einem Waldbächlein. Ich bezog dann von diesem Standort regelmäßig das Material für physiologische Versuche (vgl. HUBER und HÖFLER 1930, S. 409f., BIEBL 1940) bis zum Jahr 1945, wobei der reiche Bestand durch den Verbrauch kaum vermindert wurde. Nach den Trockenjahren 1946—1949 war das Moos aus dem Graben vollständig verschwunden. Als ich bei einer Exkursion am 9. Juli 1955 den verödeten Standort in seiner ganzen Ausdehnung durchmusterte, fand ich in einem kleinen Seitengraben an einer quelligen Stelle, geschützt unter Laubwerk, doch einige große *Hookeria*-Rasen als Überreste. Es bleibt abzuwarten, ob das Reliktmoos sich etwa von da im Lauf von Jahrzehnten neuerlich ausbreiten und einen Teil des alten Areals wiedergewinnen wird. — *Hookeria* ist in Niederösterreich von Dr. Erna STEINLESBERGER (1959) auf dem Sonntagsberg bei Waidhofen a. d. Ybbs gefunden worden. Außerdem wird es aus dem Rotwald bei Lunz angegeben. — LÜDI und ZOLLER haben die Trockenschäden, die das Jahr 1947 in der Nordschweiz angerichtet hat, eingehend geschildert. Leider fehlt für Niederösterreich eine ähnliche Darstellung, obwohl manches Beobachtungsmaterial vorliegt.

Als ozeanisches, reliktartig erhaltenes Florenelement spielt *Hookeria* im Kalkgebiet am Alpennordrand eine ähnliche Rolle wie *Plagiothecium undulatum* im deutschen Mittelgebirge und im Gebiet des Kristallin [der Zentralalpen (vgl. z. B. HÖFLER und WENDELBERGER 1960), nur daß *Hookeria* noch trockenempfindlicher und um einiges exklusiver erscheint. Über die Lichtschädigung bei direkter Besonnung hat BIEBL (1954, S. 515, 535) berichtet. Wie seine zeitgestaffelten Versuche zeigen, ist *Hookeria* ziemlich empfindlich gegen Sonnenbestrahlung, nächst *Mnium serratum* am empfindlichsten unter den geprüften Moosen, und die schädigende Wirkung kommt nicht nur dem UV-Anteil des Tageslichtes, sondern auch mittleren Wellenlängen zu. In den durch Sonnenlicht getöteten Zellen fand BIEBL die Plastiden nicht verklebt, aber vollkommen ausgebleicht, was sonst nur noch bei zwei Lebermoosen (*Trichocolea* und *Metzgeria conjugata*) beobachtet wurde.

*   *
*

Als einen der interessantesten Moosvereine des Gollinger Reviers hat schließlich HERZOG (Hz. u. Hö. 1944, S. 12) den *Brotherella Lorentziana*-Verein eingehend beschrieben. Wir fanden die räumlich eng begrenzte Gesellschaft 1958 am alten Standort unversehrt wieder. Sie hat durch die Trockenjahre nicht gelitten. Erfreulicherweise entzieht sich das Moos den Blicken des sammelnden Durchschnittsbotanikers. Die Standorte, denen HERZOGS Aufnahmen 1 und 2 (l. c. S. 14) entstammen, wurden am 28., 29. und 31. 7. wieder besucht. Am warmen 29. Juli konnte ich feststellen, daß der Standort bemerkenswerterweise nicht im inneren Schluchtbereich liegt, wo ständig Kaltluft abströmt, sondern außerhalb der scharfen Kleinklimaschwelle im warmen Luftbereich des nordostgeneigten Fichtenwaldes. Mag also *Brotherella* als Reliktmoos postglaziale und vielleicht auch interglaziale Wärmeperioden (vgl. HERZOG 1920, GAMS 1928) im Hangeinschnitt des Gollinger Wasserfalles mit seinem ausgeglichenen, „ozeanischen" Klima überdauert haben, so ist es heute in den benachbarten, nach Ost geneigten, mit flach aufragenden Kalkplatten durchsetzten Fichtenwald vorgestoßen und gerade dort tritt *Brotherella*, eine Sozion im Fichtenwald bildend, in ausgedehnten Beständen auf, wie dies die Quadratmeteraufnahmen HERZOGS (l. c. S. 15) wiedergeben. Im moosreichen Hangeinschnitt zwischen dem oberen und mittleren Wasserfall findet sich das seltene Moos nur in kleineren Rasen als bescheidener Bürger im artenreichen Moosverein, an anderen Stellen auch in einer Kleingesellschaft, die als Glied des

Schluchtvereines beschrieben werden könnte und sich aus Moosen des *Fissidens adianthoides* und des *Haplozia riparia*-Vereines und aus Kalkubiquisten zusammensetzt. In Aufnahme 3 (l. c. S. 14) gibt HERZOG ein Beispiel des Vorkommens von *Brotherella* am Wasserfallweg in einem Mischbestand vom *Hylocomien-* und dem *Plagiochila—Trichocolea*-Verein. Wo sich das Reliktmoos erhalten hat, ist es wachstumsfreudig und es ist keineswegs exklusiv bezüglich des Gesellschaftsanschlusses.

IV. Rückblick. Zur Terminologie der Kleingesellschaften.

1. Moosverein und Mikroassoziation.

Bei der Besprechung der HERZOG-HÖFLERschen Kalkmoosgesellschaften und Mitteilung meiner hinzukommenden Beobachtungen vom Sommer 1958 war ich bemüht, den „soziologischen Rang" der einzelnen Moosvereine zu kennzeichnen. Der heutige Stand der erfreulich angeschwollenen moossoziologischen Literatur läßt einen solchen Versuch wünschenswert erscheinen.

Als Vereine werden Gesellschaftseinheiten bezeichnet, die aus der Gesamtvegetation nur eine sippensystematisch umschriebene Gruppe umfassen bzw. herausheben. Man spricht in der Kryptogamensoziologie von Moosvereinen, Pilzvereinen, Flechtenvereinen, Algenvereinen. Sind sie als Kleingesellschaft — wie in der Moosschicht der Wälder — an bestimmte Vegetationsschichten von Großraumgesellschaften gebunden, so sind sie abhängige Pflanzengesellschaften im Sinne BRAUN-BLANQUETS, wobei sie gesellschaftstreu (assoziations-, verbands-, ordnungstreu) sein oder übergreifen können (vgl. BRAUN-BLANQUET 1951, S. 121). Andere Moosvereine, zumal viele als einschichtige Gesellschaft auftretende, stellen mehr oder minder unabhängige Vegetationseinheiten dar.

Unsere höher organisierten vielschichtigen Assoziationen umfassen meist Moos- (und andere Kryptogamen-) Vereine, deren Beschreibung als soziologischer Individuen gerechtfertigt ist. Die Epiphytengesellschaften, wie sie zuerst OCHSNER (1928) grundlegend bearbeitet hat, sind ein klassisches Beispiel; vgl. WILMANNS (1958).

Der Ausdruck Moosverein wird, wie schon im Eingang betont, ohne soziologische Rangeinstufung gebraucht. So umfassen einige der beschriebenen Vereine die Mooskomponente von Gesellschaften, denen dem Umfang und der floristischen Selbständigkeit nach der Rang BRAUN-BLANQUETscher Assoziationen zukommt (vgl. S. 545, 559). Einige des kausalökologischen Interesses halber behandelte Kleinvereine haben recht niederen vegetationssystematischen Rang. Von der Mehrzahl der übrigen wurde ausgesagt, daß sie den Rang von **Mikroassoziationen** beanspruchen können. Indem ich auf diesen alten, anschaulichen Terminus zurückgreife, muß ich darlegen, in welchem Sinne ich ihn anzuwenden gedenke.

Nur Vereinen bestimmter Dignität möchte ich Mikroassoziationsrang einräumen.

Zur definitiven Beschreibung von Mikroassoziationen ist erstens die tabellarische Zusammenstellung gleichartiger Einzelaufnahmen, womöglich aus räumlich auseinanderliegenden Gebieten, erwünscht. Solche liegen im moossoziologischen Schrifttum schon vielfach vor (OCHSNER, C. MÜLLER, STODIEK, WALDHEIM, KRUSENSTJERNA, v. HÜBSCHMANN, PHILIPPI u. a.).

Ich mache weiter den Vorschlag, in die Beschreibung von (Moos-)Mikroassoziationen auch andere Kryptogamen und Gefäßpflanzen einzubeziehen. Es ist dies, auch wo die Moose herrschend und tonangebend sind, in vielen Fällen zur Kennzeichnung der Kleingesellschaft geradezu notwendig. So enthält der ganz vorwiegend aus Moosen bestehende *Metzgeria conjugata*-Verein als konstante, oft einzige Blütenpflanze *Moehringia muscosa*. Im *Fissidens adianthoides—Lejeunea cavifolia*-Verein sind mit den Moosen stets die Asplenien, *A. trichomanes*, *A. ruta muraria*, *A. viride*, meist auch *Oxalis acetosella* und oft einige weitere Blütenpflanzen vergesellschaftet. Die bei Hz. u. Hö. (1944, S. 37) erwähnte, zumal auf von Sickerwasser feucht gehaltenen Felsen heimische Variante desselben Vereines, die stundenweise Besonnung verträgt, ist durch die Algen *Trentepohlia aurea*, *Nostoc microscopicum* und *Aphanothece pallida* (det. GEITLER) charakterisiert.

In solchen Fällen hätte die Vereinstabelle die Moose, die Mikroassoziationstabelle aber Moose und andere pflanzliche Mitbürger der Kleingesellschaft zu umfassen.

Gesellschaften, zu denen Algen notwendig dazugehören, sind im Gebiet zumal die *Seligeria tristicha—Cyanophyceen*-Vereine (MORTON und GAMS 1925, Hz. u. Hö. 1944, S. 48), die zahlreiche Blaualgen und von Moosen entweder nur *Seligeria tristicha* oder diese und dazu noch wenige andere Arten, meist in Initialstadien, enthalten.

Vergesellschaftungen aus Moosen und Flechten wurden in Mitteleuropa wohl erstmalig listenmäßig erfaßt bei HERZOGS Schülerin STODIEK in ihren Studien über die trockenheitsliebenden Mikroassoziationen des Muschelkalkes um Jena. —

Mikroassoziationstabellen können — und sollten — also durch die Aufnahme von Gefäßpflanzen und Kryptogamen fremder

Pflanzenstämme ergänzt werden. Freilich verbietet der Usus im Schrifttum noch, die Aufnahme der fremden Elemente zur Regel bzw. zur Bedingung gültiger Beschreibung zu machen.

Die in der vorliegenden Arbeit behandelten Kleingesellschaften wurden bisher nur als Vereine beschrieben. Wenn darauf hingewiesen wurde, daß ein Verein den Rang einer Mikroassoziation besitzt, so ist diese damit noch nicht festgelegt, sondern nur programmatisch gefordert. Nur das *Ctenidietum mollusci praealpinum* mit seinen Sub-Mikroassoziationen (S. 551) mag als beschrieben gelten. Es hat nicht meine Aufgabe sein können, Tabellen für alle unsere Gollinger Moosgesellschaften auszuarbeiten. Solche Mikroassoziationstabellen werden aber relativ leicht zu erstellen sein. Für die von HERZOG (1943) grundlegend beschriebenen Moosvereine des höheren Schwarzwaldes hat C. MÜLLERS Schüler PHILIPPI (1956) die Tabellenaufnahmen in dankenswerter Weise nachgetragen.

2. Zur Frage der Einordnung der Kleingesellschaften.

Sind die Moosgesellschaften als soziologische Einheiten erfaßt, so gilt es weiter, sie in das Gesellschaftssystem der Gesamtvegetation einzuordnen. In der Zürich-Montpellier-Schule haben sich einerseits OCHSNER (1952, 1954), andrerseits TÜXEN, HÜBSCHMANN und PIRK (1957) mit dieser Aufgabe beschäftigt und die gegebenen Möglichkeiten diskutiert.

Bei OCHSNER (1954) ist für die Ein-Ordnung das floristische Prinzip, für die An-Ordnung der Gesellschaften im System das Prinzip der soziologischen Progression maßgebend.

Am Beispiel der Bryophytenvegetation der alpinen Stufe des Schweizer Nationalparkes stellt OCHSNER (S. 279) die Einordnung der Kryptogamen ins pflanzensoziologische System zur Diskussion. Er unterscheidet in dieser Stufe: ,,Einfache Moossiedelungen (Soziationen) auf Rohböden aller Art, selbständige, reine Bryophyten-Assoziationen, z. T. Mikro-Assoziationen, Assoziations-Komplexe, welche Fragmente verschiedener Moos-, Flechten- oder Algengesellschaften enthalten, Gefäßpflanzengesellschaften, in welchen Einzelmoose oder Moos-Soziationen vorkommen, eine reine Moosschicht oder mit kleinen Blütenpflanzen zusammen die sog. Bodenschicht bildend (Schichtenbindung), Assoziations-Mosaike, mosaikartige Verbindungen von Gefäßpflanzengesellschaften mit Kryptogamen-Assoziationen (z. B. in Schutt- und Blockhalden)." ,,Einfache Moos-Siedelungen und selbständige reine Bryophyten-Assoziationen sind entweder als

Dauer- oder aber als Initialgesellschaften einer Sukzessionsreihe zu werten. Letztere entwickeln sich weiter zu höher organisierten Pflanzengemeinschaften."

OCHSNER sagt weiter: „Die selbständigen Moos-Assoziationen besitzen ihre ihnen eigene Artenkombination, die meist auch Bryophyten enthält, welche als mehr oder weniger stete Begleitarten in bestimmten Gefäßpflanzen-Assoziationen und -Verbänden wiederzufinden sind." ... „Vom bryologischen Standpunkt aus lassen sich zwei Hauptgruppen von Gefäßpflanzen-Gesellschaften unterscheiden:

1. Assoziationen, in welchen die Moose in jeder Hinsicht eine bedeutende Rolle spielen. Sie entwickeln sich zum Teil aus einschichtigen Initial-Moos-Assoziationen zu zwei- oder mehrschichtigen Dauergesellschaften, in welchen die Moosschicht besonders ausgeprägt erscheint und vielfach dominiert.

2. Assoziationen, in denen die Gefäßpflanzen vorherrschend sind, während die Moose (oder Flechten) sich nur in geringer Zahl vorfinden und meist erst nachträglich einwanderten. Soziologisch können diese Moose als Begleiter, als Differential- oder auch als Charakterarten beurteilt werden."

TÜXEN, v. HÜBSCHMANN und PIRK reihen die als selbständig erkannten, d. h. die unabhängigen Kryptogamengesellschaften in das pflanzensoziologische System von BRAUN-BLANQUET ein. Sie geben auch Einzelbeispiele für die Rolle der Moose (1957, S. 116): „Ganz entsprechend verhalten sich soziologisch auch die Moose, um von den Algen, die mit Ausnahme der Meeresalgen soziologisch erst wenig studiert sind, ganz zu schweigen. Nur wenige Klassen des pflanzensoziologischen Systems sind vollkommen moosfrei (z. B. *Zosteretea, Thero-Salicornietea strictae, Cakiletea maritimae, Bidentetea*). In anderen fehlen Moose nur in bestimmten Ordnungen, Verbänden (*Agropyro-Minuartion peploides, Senecion fluviatilis, Ruppion maritimae, Phragmition*) oder Assoziationen (*Ranunculetum fluitantis*) ganz. Alle übrigen Gesellschaften enthalten geringere oder größere Mengen von Moosen, eine Erscheinung, die übrigens genau so wenig wie bei den Pilzen, Flechten und Algen an die Organisationshöhe der Gesellschaften gebunden ist. So beherbergt z. B. das *Melico-Fagetum* kaum Moose, die dagegen in der Bodenschicht bestimmter Varianten des *Luzulo-Fagetum* herrschen können." Die Autoren betonen weiter, daß es auch unter den Moosgesellschaften abhängige und von den anderen Pflanzengesellschaften völlig unabhängige gibt, z. B. zahlreiche Fels- und Wassermoosgesellschaften und daß die letzteren ohne Schwierigkeit im pflanzensoziologischen System ihren Platz finden. Sie schließen mit dem Satze: „Eigene selbständige algen-, pilz-, flechten- oder moossoziologische Systeme unter Herauslösung dieser Sippengruppen aus der übrigen Vegetation aufstellen zu wollen, würde ebenso zu einer unnatürlichen Aufspaltung der gesamten Vegetation führen, wie die Vernachlässigung der Kryptogamen in Phanerogamen-Gesellschaften ihre Kenntnis unvollständig bleiben ließe."

In ähnlichem Sinne, wenn auch nicht so drastisch, äußert sich OCHSNER (1954, S. 279): „Bryophyten-(Flechten-)Assoziationen können zu eigenen Kryptogamen-Verbänden und weiter evtl. in besonderen Kryptogamen-Ordnungen zusammengefaßt werden. Kriterium ist die floristische Verwandtschaft. Soll die Zusammenfassung zu Kryptogamen-Klassen und zu Kryptogamen-Gesellschaftskreisen weiter getrieben werden? Wohl kaum, schon die Einreihung in Kryptogamen-Ordnungen begegnet größeren Schwierigkeiten ..."

Auch wir haben auf die Zusammenlegung der Moosvereine (mittlerer Dignität) zu höheren, nur die Moose umfassenden Vegetationseinheiten noch verzichtet. Doch ist die Vereinigung der primär aufgenommenen Einheiten (Namen auf -etum) zu Verbänden (Namen auf -ion) schon vielfach, zumal auch in Skandinavien, so erfolgreich geübt worden, daß die Berechtigung solchen Vorgehens nicht mehr in Frage steht. — Die Aufstellung von Systemen für Kleingesellschaften, die nur eine Kryptogamengruppe umfassen, bleibt allerdings sozusagen interne Angelegenheit der Bryologie, Lichenologie, Algologie und fördert die allgemeine Vegetationssystematik nur wenig. Ich vergleiche den Vorgang mit einem Staat bzw. einer Republik im Jugendstadium, wo jede Partei sich ihren Beamtenkörper selbst aufbaut.

OCHSNER (1942, 1944) hat wertvolle Arbeit zur allgemeinen Vegetationskunde geleistet, indem er die Moosarten einerseits der Languedoc in Südfrankreich, andrerseits der alpinen Zone den Gefäßpflanzengesellschaften beider Gebiete zuordnet. Er gibt Verzeichnisse der in den Ordnungen, Verbänden, Assoziationen festgestellten Moose und macht vielfach auch die Charakterarten der Gesellschaften, die den Bryophyten entnommen sind, namhaft. Es ist dies notwendigerweise der erste Schritt, den Kryptogamen in der Pflanzensoziologie ihr Recht zu verschaffen. Wer sich etwa mit einer bestimmten alpinen Pflanzengesellschaft vegetationskundlich beschäftigen will, wird künftig gut tun, sich mit den in OCHSNERS Schriften aufgezählten Moosarten so weit vertraut zu machen, daß er sie bei den Originalaufnahmen am Standort nach Abundanz und Soziabilität verzeichnen kann und die Hilfe der Spezialisten nur dahin in Anspruch zu nehmen braucht, die

Moose nachträglich zu revidieren, nicht sie von Grund auf zu bestimmen.

Allein bei der Aufzählung und Klassifizierung nach Kenn- und Trennarten und Begleitern bleibt natürlich die kennzeichnende Artverbindung der Moose unter sich noch unberührt. Ganz selten nur sind aber die Moose innerhalb einer auf die Gefäßpflanzen begründeten Assoziation, d. h. einer Großraumgesellschaft, gleichmäßig verteilt. Fast immer tragen die durch Exposition, Neigung, Substrat etc. unterschiedenen Kleinstandorte auch verschiedene Artkombinationen. Auf dieser Tatsache, die wohl jeder im Freiland Arbeitende wahrzunehmen Gelegenheit hat, gründet sich ja das Bedürfnis des Kryptogamensoziologen, innerhalb der Großraumgesellschaften noch Kleingesellschaften zu unterscheiden und zu beschreiben.

Wir verharren also bei der Aussage, daß kategoriell die Berücksichtigung von Kleingesellschaften, seien sie nun als Vereine, Unionen, Mikroassoziationen oder sonstwie beschrieben, in der Vegetationsforschung unentbehrlich ist.

Und dies gilt meiner Meinung ebenso für die abhängigen Gesellschaftseinheiten wie für die unabhängigen.

Für die Frage der Einordnung in das BRAUN-BLANQUETsche Vegetationssystem ist das Verhältnis der Begriffe von ,,Assoziation" und ,,Mikroassoziation" nicht ohne Bedeutung. Man spricht im kryptogamensoziologischen Schrifttum recht oft von Assoziationen, wo Mikroassoziationen gemeint sind. Aber schon HERZOGS Schülerin STODIEK (1937, S. 6) und ebenso v. HÜBSCHMANN (1950, S. 6), auch OCHSNER deuten gelegentlich an, daß sie bei ihrer Behandlung der Moosgesellschaften ,,Assoziation" als gekürzten Ausdruck für ,,Mikroassoziation" verwenden.

Vollends klar wird aber die Notwendigkeit, die Termini zu unterscheiden, wo es sich um abhängige Kryptogamengesellschaften handelt. Denn unbefriedigend wäre offenbar, von systematischer Warte betrachtet, eine Terminologie, nach der eine Wald-,,Assoziation" viele Kryptogamen-,,Assoziationen" in sich schließt! Man spricht wohl besser von Kryptogamen-,,Vereinen" und, wenn die erwähnten Bedingungen erfüllt sind, von Mikroassoziationen.

Die Möglichkeit ist nicht abzuweisen, daß jede unabhängige Mikroassoziation auch als Großraumgesellschaften auftreten könnte. Wenn aber flach aufragende Steine auf einer Gebirgswiese Moose tragen, die der umgebenden Wiesengesellschaft fremd sind, so liegt offenbar ein Vegetationsmosaik vor. Die Moosgemeinschaft der Steine könnte dann als Fragment einer Großraumgesellschaft beschrieben werden, einer Gesellschaft, die im Gebiet vielleicht kaum realisiert ist. Es erscheint mir in solchen Fällen ratsam, primär die Felsvegetation als Verein bzw. als Mikroassoziation zu beschreiben und nur in der Diskussion deren Beziehung zu Großraumgesellschaften zu erörtern.

Noch klarer wird dies Verhältnis bei der Behandlung von Felsblockgesellschaften im Waldesinnern, die ja zumindest im Lichtgenuß, meist aber auch durch Nadelstreu, Laubabwurf usw. abhängig von der jeweiligen Baumschicht sind (vgl. S. 552). Es wäre hier unzureichend, ja fehlerhaft, die Felsmoosgesellschaft als Vegetationsfragment einer mehr minder konstruierten, anderwärts unabhängig auftretenden Einschichtgesellschaft zu beschreiben. Die Kategorie der Kleingesellschaft erscheint unentbehrlich.

Von besonderer Bedeutung sind auch für die forstliche Praxis (vgl. AICHINGER 1952 a, b, 1956) die Vereine, welche die Moosschicht der Waldgesellschaften aufbauen.

3. Zum Begriffssystem der skandinavischen Schule.

Ich halte es für geboten, in diesem Zusammenhang der Methodik und Terminologie der Skandinavischen Schule, die seit einem Menschenalter unter DU RIETZ' Führung steht, zu gedenken. In seiner richtunggebenden Arbeit „Vegetationsforschung auf soziationsanalytischer Grundlage" behandelt DU RIETZ (1932) die vielschichtigen Gesellschaften unter Verwendung der Begriffe Soziation, Consoziation, Sozion, Consozion. Soll ein Wald als Ganzes betrachtet und vegetationskundlich untergliedert werden, so hat sich dieses analytische System eingebürgert und vorzüglich bewährt. DU RIETZ' Hauptarbeiten (1921, 1932) haben im deutschsprachigen Schrifttum starke Wirkung getan.

Es sei erlaubt, im Exkurs darauf hinzuweisen, daß ich selbst bei langjähriger pilzsoziologischer Freilandarbeit erproben konnte, wie zweckmäßig die DU RIETZsche Bezeichnung ist. Im Keupergebiet von Mitteldeutschland (auf Buntsandstein oder Rhät im Bayreuther Raum) werde eine Consoziation, ein Rotföhrenwald mit einheitlicher *Pinus silvestris*-Baumschicht, in Soziationen unterteilt. Die unterscheidbaren Einheiten der Feldschicht sind die Sozionen (Abb. 2)[1]. Oft nährt nun jede von ihnen andersartige Pilze. Die von

---

[1] Es ist offenbar verfehlt, wenn KOPPE (1955), vielleicht durch eine Notiz im Eingang der Herzog-Höflerschen Arbeit (1944, S. 2) verleitet, alle dort behandelten (und die bei HERZOG 1943 beschriebenen) Moosvereine als „Sozionen" bezeichnet. Die Begriffe Verein (ohne soziologische Dignität) und Sozion decken sich keineswegs!

P. silvestris Consoziation

Pinus silvestris-Calluna Soziation	P. silvestris-V. vitis idaea Soziation	Pinus silvestris-Calluna Soziation	Pinus silvestris-Molinia Soziation	P. silvestris-V. vitis idaea Soziation
Sozion 1 Calluna	Sozion 3 V. vitis idaea	Sozion 1 Calluna	Sozion 2 Molinia coer.	Sozion 3 V. vitis idaea

Abb. 2. Consoziation: Rotföhrenwald (auf mittl. Burgsandstein im Keuper bei Bayreuth, vgl. HÖFLER 1954, S. 378). — Sozion 1: *Calluna vulgaris* 4.5, *Vaccinium vitis idaea* 1.2, *Cytisus nigricans* +. — Sozion 2: *Molinia coerulea* 4.4, *Pteridium aquilinum* 1.1. — Sozion 3: *Vaccinium vitis idaea* 5.4, *V. myrtillus* 1.2, in der Moosschicht *Pleurozium Schreberi*, *Dicranum undulatum*, *Cladonia rangiferina*.

der Baum- und der Feld- bzw. Zwergstrauchschicht abhängigen Pilz-Kleingesellschaften leben in der Bodenschicht; der Standort wird dann am besten durch die Sozion, in die die Pilzkörper hineinragen, gekennzeichnet.

Die Soziationen sind (DU RIETZ 1932, vgl. S. 307, 303) stabile Phytocoenosen[1] (Pflanzengesellschaften) von wesentlich homogener Artenzusammensetzung, d. h. wenigstens mit konstanten Dominanten in jeder Schicht.

[1] Nicht richtig ist es, wenn OCHSNER (1952, S. 109) den Ausdruck Soziation für pflanzliche Siedlungen verwenden will, ,,bei denen es im Augenblick der Aufnahme aus irgend einem Grund nicht möglich ist, ihre soziologische Stellung genau festzulegen, z. B. Moossiedlungen mit einer dominierenden Art (*Rhacomitrium canescens*-Soziation, *Hypnum cupressiforme*-Soziation)". Unrichtig ist auch, wenn Moosgesellschaften im Walde, also Einschichtgesellschaften, als Soziationen statt als Sozionen bezeichnet werden (l. c. S. 108).

Du Rietz hat nun (1936) die Klassifikation und Terminologie der Vegetationseinheiten neu gefaßt und — in selbstloser Weise — sein eigenes, in sich geschlossenes Begriffssystem der Einheitlichkeit internationaler Terminologie zuliebe teilweise aufgegeben. Er hielt den Terminus Soziation aufrecht und dieser fand auf Grund der Empfehlung der Geobotanischen Sektion des VI. Internationalen Botanikerkongresses 1935 allgemein Eingang. Der vormalige skandinavische Gebrauch des Wortes „Assoziation" wurde aufgegeben, der Begriff wurde und blieb seither für die durch Charakter- und Differentialarten gekennzeichnete grundlegende Vegetationseinheit der Zürich-Montpellier-Schule vorbehalten.

Leider hat indes Du Rietz damals auch den Begriff der Sozion nicht aufrecht erhalten, obwohl er, eindeutig definiert, keinen Gebrauch in anderen Schulen wiederfand. (Philologische Bedenken gegen die Wortbildung erscheinen mir hinfällig!) Soziation und Sozion sind korrelative Begriffe, von denen der eine ohne den anderen nicht bestehen kann. Ich trete somit für die Beibehaltung des Du Rietzschen Begriffes „Sozion" in der Kryptogamen-Soziologie ein.

Die skandinavische Schule hat in den letzten anderthalb Jahrzehnten in der bryologischen Vegetationskunde ganz Bedeutendes geleistet; sie hat auch in synthetischer Arbeit zur Fassung der Moosgesellschaften wohl am meisten beigetragen. Waldheim (1944, 1947) und Krusenstjerna (1945) bedienen sich der neuen Terminologie: Du Rietz (1936, S. 585) empfahl, die drei untersten Vegetationseinheiten als society, union, federation, als Sozietät[1], Union, Federation = Verband zu bezeichnen. Nach Waldheim (1947, S. 13) bilden die Federation, die Union und die Sozietät die Grundeinheiten der einschichtigen Gesellschaften. „Die Federation ist die größte dieser Einheiten. Bei der Begrenzung und Ausscheidung der Federationen wird das Hauptgewicht auf Indikatorarten gelegt (Charakter- und Differentialarten). Die Federation erhält ihren Namen entweder nach einer oder einigen ihrer Charakterarten oder nach einer oder einigen ihrer physiognomisch wichtigsten Komponenten." ... „Die Union. Eine Federation kann aus einer oder mehreren Gesellschaften niedrigeren Ranges, Unionen, bestehen. Sie werden gleich wie die Federationen nach Vorkommen und Abwesenheit von Indikatorarten — teilweise anderen Arten als bei der Federation — begrenzt." ... „Sowohl die Unionen wie die Federationen können

---

[1] Die Gleichsetzung der deutschen Worte Verein = Sozietät (l. c.) kann nicht anerkannt werden.

mit kleineren Schattierungen in der Artenzusammensetzung auftreten, die dann als Varianten oder Fazien bezeichnet werden können." ... „Die Sozietät. Eine Union besteht aus einer oder mehreren Sozietäten. Diese werden ausschließlich durch Dominanz begrenzt. In dieser Arbeit wird die niedrigste Einheit der Synusien nur nebenbei berührt."[1]

Die Namen der Federationen (förbundena, Verbände) werden auf -ion (Antitrichion), die der untergeordneten Unionen auf -etum (*Mnietum cuspidati*) gebildet.

Du Rietz (1950, S. 658, 694, 1954) hat an dieser Terminologie festgehalten. Es handelt sich um Einschichtgesellschaften verschieden abgestufter Rangordnung. Der Vorgang hat, soweit ich sehe, im deutschsprachigen Gebiet noch wenig Nachfolger gefunden.

Da die Sozietäten bzw. praktisch die Unionen primäre, die Federationen aber durch Zusammenfassung gewonnene höhere Vegetationseinheiten sind, können unsere Vereine mittlerer Dignität (und die aus ihnen zu erarbeitenden „Mikroassoziationen") nur mit den Unionen verglichen bzw. gleichgesetzt werden[1].

Ich möchte aber nochmals betonen, daß mir das seit 1936 von Du Rietz empfohlene Begriffssystem die Ausschaltung des Begriffes Sozion nicht notwendig zu machen scheint. Denn zu Sozionen gelangt man bei absteigender Betrachtung und Einteilung der Vegetation, also eben im analytischen Verfahren, zu Unionen und Federationen aber im aufsteigenden, synthetischen Verfahren. Beide Wege sind möglich und heuristisch berechtigt. Das absteigende System knüpft an das alte System der Pflanzengeographen, es führt, von den Formationen ausgehend, eben bis zu den Soziationen als vielschichtigen bzw. den Sozionen als einschichtigen Gesellschaften. Das aufsteigende System ist das System der synthetischen Methodik, nach welchem Braun-Blanquet seine Assoziationen, nach welchem jetzt auch die Skandinavier ihre Soziationen und Verbände als grundlegende Vegetationseinheiten erarbeiten.

Endlich sei noch des von Gams (1918, S. 140) geschaffenen, sprachlich wohlgebildeten Ausdruckes Synusie gedacht. Gams verstand darunter vom Anbeginn Gesellschaften von Pflanzen und Tieren; er unterschied, begrifflich abgestimmt, Synusien ersten, zweiten und dritten Grades (l. c.). — Du Rietz (1932, S. 326f.)

[1] Daß nicht alle Unionen bzw. Mikroassoziationen sich aus unterscheidbaren „Sozietäten" aufbauen, liegt klar zutage. Man denke an die oft weitgehend homogenen Mischvegetationen, die sich aus Moosen hoher soziologischer Affinität (im Sinne von Du Rietz 1932, S. 301) zusammensetzen!

gebraucht „Synusie" als allgemeine Bezeichnung der unteren Einheit einschichtiger Phytocoenosen (vgl. CAIN 1936, 1938) und als kurze Bezeichnung für Einschichtgesellschaften hat sich das Wort so eingebürgert, daß es aus dem kryptogamensoziologischen Schrifttum nicht mehr verschwinden wird —, wenngleich GAMS, mündlicher Mitteilung zufolge, den Terminus (seit 1936) selbst nicht mehr verwendet.

* *
*

Herr Dozent Dr. Josef POELT, München, hat zahlreiche Herbarbelege bestimmt oder revidiert. Ich bin ihm für seine Mühewaltung zu herzlichem Dank verbunden.

Literatur.

ABEL, W. O., 1956: Die Austrocknungsresistenz der Laubmoose. Sitzungsber. Österr. Akad. d. Wiss., math.-nat. Kl., Abt. I, *165*, 619.
AICHINGER, E., 1952a: Die Rotföhrenwälder als Waldentwicklungstypen. Angewandte Pflanzensoziologie, Heft 6, Springer-Verlag, Wien.
— 1952b: Fichtenwälder und Fichtenforste als Waldentwicklungstypen. Ebenda, Heft 7.
— 1956/57: Die Zwergstrauchheiden als Vegetationsentwicklungstypen. Ebenda, Heft 12, 1956, Heft 13 u. 14, 1957.
ALLORGE, P., 1922: Les associations vegetales du Vexin français. Rev. gen. Bot., *33*, 481 u. *34*, 71.
BARTSCH, J. u. M., 1940: Vegetationskunde des Schwarzwaldes. Pflanzensoziologie, Bd. 4, G. Fischer, Jena.
— 1952: Der Schluchtwald und der Bach-Eschenwald. Angewandte Pflanzensoziologie, hg. von E. Aichinger, Heft VIII.
BIEBL, R., 1954: Lichtgenuß und Strahlenempfindlichkeit einiger Schattenmoose, Österr. Botan. Zeitschr. *101*, 502.
— 1940: Einige zellphysiologische Beobachtungen an *Hookeria lucens* (L) Sn. Österr. Botan. Zeitschr. *89*, 30.
BORNKAMM, R., 1958: Die Bunte-Erdflechten-Gesellschaft im südwestlichen Harzvorland. Ein Beitrag zur floristischen Soziologie von Kryptogamengesellschaften. Ber. Deutsch. Botan. Ges. *71*, 253.
BRAUN-BLANQUET, J., 1951: Pflanzensoziologie, Grundzüge der Vegetationskunde, 2. Aufl., Springer, Wien.
— 1955: Zur Systematik der Pflanzengesellschaften. Mitt. d. floristischsoziolog. Arbeitsgemeinschaft, *5*, 151. Stolzenau.
BRAUN-BLANQUET, J., SISSING, G., und VLIEGER, J., 1939: Klasse der *Vaccinio-Piceeta*. Prodromus d. Pflanzengesellschaften, Fasc. 6.
CAIN, S. A., 1936: Synusiae as a basis for plant sociological field work. The American Midl. Naturalist, 17, 665.
CAIN, S. A., und SHARP, J., 1938: Bryophytic unions of certain forest types of the Great Smoky Mountains. Ebenda, *20*, 249.

Du Rietz, G. E., 1921: Zur methodologischen Grundlage der modernen Pflanzensoziologie. Akad. Abh., Upsala. A. Holzhausen, Wien.
— 1932: Vegetationsforschung auf soziationsanalytischer Grundlage. Handbuch d. biol. Arbeitsmeth., Abt. XI, Teil 5, 293.
— 1936: Classification and nomenclature of vegetation units 1930—1935. Svensk Bot. Tidskrift, *30*, 580.
— 1945: Om fattigbark- och rikbarksamhällen. Ebenda, *39*, 147.
— 1950: Diskussionsbemerkungen. Proceedings VII. Internat. Bot. Congr., Stockholm, p. 658, 664, 694. Almqvist u. Wiksell, Stockholm.
— 1954: Vegetation analysis in relation to homogenousness and size of sample areas. VIII. Internat. Bot. Congress, Sonderdruck.

Eberhardt, A., 1946: *Isopterygium depressum* Mitt. var. nov. *tenellum* Herzog, *Oxyrhynchium Swartzii* Br. eur. fo. nov. *cavernarum* Herzog. Ber. d. schweiz. Botan. Ges. *56*, 339.

Fetzmann, E. L., 1956: Beiträge zur Algensoziologie. Sitzungsber. Österr. Akad. Wiss., math.-nat. Kl., Abt. I, *165*, 709.

Gams, H., 1918: Prinzipienfragen der Vegetationsforschung. Vierteljahrschrift d. Naturf. Ges. Zürich *63*, 293.
— 1927: Von den Follatères zur Dent de Morcles. Vegetationsmonographie aus dem Wallis. Beitr. z. geobotan. Landesaufnahme, *15*. H. Huber, Bern.
— 1928: *Brotherella Lorentziana* (Molendo) Loeske und *Distichophyllum carinatum* Dixon et Nicholson. Ein Versuch zur kausalen Erfassung engbegrenzter Moosareale. Annales Bryologici *1*, 69.
— 1932: Bryo-Cenology (Moss-societies). Manual of Bryology, p. 323.
— 1953: Vingt ans de Bryocénologie. Rev. Bryol. et Lichenolog. 22, fasc. 3/4.
— 1957: Kleine Kryptogamenflora von Mitteleuropa, Bd. 1: Die Moos- und Farnpflanzen (Archegoniaten), 4. Aufl.

Grebe, C., 1918: Studien zur Biologie und Geographie der Laubmoose. Hedwigia *59*, 1.

Haybach, G., 1956: Zur Ökologie und Soziologie einiger Moose und Moosgesellschaften des nordwestlichen Wienerwaldes. Verhandl. Zool. Bot. Ges. Wien *96*, 132.

Herzog, Th., 1920: *Hypnum Lorentzianum* Mol. Eine bryogeographische Skizze. Kryptogamische Forschungen, hg. von d. Bayer. Bot. Ges. *1*, 345.
— 1926: Geographie der Moose. G. Fischer, Jena.
— 1943: Moosgesellschaften des höheren Schwarzwaldes. Flora *36*, 263.
— 1944: Die Mooswelt des Ködnitztales in den Hohen Tauern. Österr. Bot. Zeitschr. *93*, 1.

Herzog, Th., und Höfler, K., 1944: Kalkmoosgesellschaften um Golling. Hedwigia *82*, 1.

Höfler, K., 1938: Pilzsoziologie. Ber. Deutsch. Bot. Ges. *55*, 606.
— 1942: Über die Austrocknungsfähigkeit des Protoplasmas. Ebenda *60*, (94).

Höfler, K., 1943: Über die Austrocknungsgrenzen des Protoplasmas. Sitzungs-Anz. Akad. Wiss. Wien, math.-nat. Kl. Nr. 12 v. 17. Dez. 1942.
— 1945: Über Trockenhärtung und Härtungsgrenzen des Protoplasmas einiger Lebermoose. Ebenda, Anz. Nr. 3, v. 8. März 1945.
— 1950a: Über Trockenhärtung des Protoplasmas. Ber. Deutsch. Bot. Ges. *63*, 3.
— 1950b: Durch plasmatische Trockengrenzen bedingte Lebermoosvereine. Proceedings VII. Internat. Bot. Congress, Stockholm, S. 621.
— 1954a: La résistence du protoplasme à la secheresse, VIII. Congrès International de Bot., Paris 1954, Rapports et Comm., Section 11, 239.
— 1954b: Über Pilzaspekte. Vegetatio *5/6*, 373.
— 1954c: Über einige Lebermoose des Bayreuther Raumes und ihre plasmatischen Trockengrenzen. Naturwiss. Gesellschaft Bayreuth, Bericht 1953/54, S. 67.
— 1955: Über Pilzsoziologie. Verh. Zool. Bot. Ges. Wien *95*, 58 und Zeitschr. f. Pilzkunde *22*, 42.
Höfler, K., Fetzmann, E., Diskus, A., 1958: Algen-Kleingesellschaften aus den Mooren des Eggstädter Seengebietes im Bayerischen Alpenvorland. Verh. Zool. Bot. Ges. Wien *97* (1957), 53.
Höfler, K., und Wendelberger, G.: Botanische Exkursion nach dem Märchenwald im Ammertal. Ebenda. In Vorb.
Hoffer, M., und Lämmermayr, L., 1925: Naturführer von Salzburg. Verlag W. Junk, Berlin.
Huber, B., und Höfler, K., 1930: Die Wasserpermeabilität des Protoplasmas. Jahrb. f. wiss. Bot. *73*, 351.
Hübschmann, A. v., 1950: Die *Grimmia pulvinata-Tortula muralis*-Ass. des nordwestdeutschen Flachlandes. — Mitt. Flor.-soz. Arbeitsgem. N. F. 2. Stolzenau.
— 1953: Einige hygro- und hydrophile Moosgesellschaften Norddeutschlands. Ebenda N. F. 4.
— 1955: Einige Moosgesellschaften silikatreicher Felsgesteine. Ebenda N. F. 5, 50.
— 1957a: Kleinmoosgesellschaften extremster Standorte. Ebenda N. F. 6/7, 130.
— 1957b: Zur Systematik der Wassermoosgesellschaften. Ebenda 6/7, 147.
Iljin, W. S., 1927: Über die Austrocknungsfähigkeit des lebenden Protoplasmas der vegetativen Pflanzenzelle, Jahrb. f. wiss. Bot. *66*, 947.
— 1930: Die Ursachen der Resistenz von Pflanzenzellen gegen Austrocknen. Protoplasma, 19, 379.
— 1933: Über das Absterben der Pflanzengewebe durch Austrocknen und über ihre Bewahrung vor dem Trockentode. Ebenda, *19*, 414.
Koch, W., 1936: Über einige Wassermoosgesellschaften der Linth. Ber. d. schweiz. Bot. Ges. *46*, 355.
Koppe, R., 1945: Die Wassermoose Westfalens. Arch. f. Hydrobiologie *61*.
— 1955: Moosvegetation und Moosgesellschaften von Altötting in Oberbayern. Feddes Rep. spec. nov. *58*, 92.

KRUSENSTJERNA, E. v., 1945: Bladmossvegetation och Bladmossflora i Uppsalatrakten. Akad. Avhandling. Acta Phytogeograph. Svecica XIX, Uppsala.

LACKNER, L., 1939: Über die Jahresperiodizität in der Entwicklung der Laubmoose. Planta *29*, 534.

LÄMMERMAYR, L., 1913—1915: Die grüne Pflanzenwelt der Höhlen. Denkschr. Akad. Wiss. Wien, math.-nat. Kl., *90* und *92*.

LIMPRICHT, K. G., 1904: Die Laubmoose Deutschlands, Österreichs und der Schweiz. Rabenhorsts Krypt. Flora, 2. Aufl., Bd. 4.

LÜDI, W., und ZOLLER, H., 1949: Einige Beobachtungen über die Dürreschäden des Sommers 1947 in der Nordschweiz und am schweizerischen Jurarand. Ber. Geobotan. Forschungsinst. Rübel in Zürich f. d. Jahr 1948, 69.

MORTON, Fr., und GAMS, H., 1925: Höhlenpflanzen. Speläolog. Monographien, Bd. 5.

MÜLLER, K., 1938: Über einige bemerkenswerte Moosassoziationen am Feldberg im Schwarzwald. Annales Bryologici *11*, 94.

OBERDORFER, E., 1957: Süddeutsche Pflanzengesellschaften. Pflanzensoziologie, Bd. 10. G. Fischer, Jena.

OCHSNER, Fr., 1928: Über die Epiphytenvegetation der Schweiz. Jahrb. d. St. Gall. naturw. Ges. *63*, 1.

— 1952: Moose in den Pflanzengesellschaften der Languedoc. Ber. Schweiz. Bot. Ges. *62*, 106.

— 1954: Die Bedeutung der Moose in alpinen Pflanzengesellschaften. Vegetation *5/6*, 279.

PHILIPPI, G., 1956: Einige Moosgesellschaften des Südschwarzwaldes und der angrenzenden Rheinebene. Beitr. z. naturkundl. Forschung in Südwestdeutschl. *15*, 91.

POELT, J., 1953: Zur Kenntnis der *gracile*-Formen der Sammelart *Schistidium apocarpum* (L.) Bryol. Eur. Svensk Bot. Tidskrift *47*, 248.

— 1954a: Moosgesellschaften im Alpenvorland I. Sitzungsber. Österr. Akad. Wiss., math.-nat. Kl., Abt. I, *163*, 141.

— 1954b: Moosgesellschaften im Alpenvorland II. Ebenda *163*, 495.

— 1955: Die Gipfelvegetation und -flora des Wettersteingebirges. Feddes Rep. spec. nov. *58*, 157.

STEINLESBERGER, E., 1959: Plasmolysestudien an Laubmoosen. I. Erscheinungen des Plasmolyseverzuges. Protoplasma *50*, 544.

STODIEK, E., 1937: Soziologische und ökologische Untersuchungen an den xerotopen Moosen und Flechten des Muschelkalkes in der Umgebung Jenas. Ebenda, Bd. 99.

TÜXEN, R., HÜBSCHMANN, A. v., PIRK, W., 1957: Kryptogamen- und Phanerogamen-Gesellschaften. Mitt. d. floristisch-soziolog. Arbeitsgemeinschaft, Stolzenau, N. F. *6/7*, 114.

WALDHEIM, S., 1944: Mossvegetationen i Dalby-Söderskogs nationalpark. K. Sv. Vet.-Akad. Avhandl. i Naturskyddsärenden, 4. Uppsala.

WALDHEIM, S., 1947: Kleinmoosgesellschaften und Bodenverhältnisse in Schonen. Botaniska Notiser, Suppl. Vol. 1, 1. Gleerup, Lund.

WALTHER, K., 1942: Die Moosflora der Cratoneuron commutatum-Gesellschaft in den Karawanken. Hedwigia *81*, 127.

WILMANNS, O., 1958: Zur standörtlichen Parallelisierung von Epiphyten- und Waldgesellschaften. Beitr. z. naturkundl. Forschung in Südwestdeutschland. Bd. *17*, 11.

WIESNER, G., 1952: Die Bedeutung der Lichtintensität für die Bildung von Moosgesellschaften im Gebiet von Lunz. Sitzungsber. Österr. Akad. Wiss., math.-nat. Kl. *161*, 559.

Die in den Sitzungsberichten Abtlg. I und Abtlg. IIa der math.-nat. Klasse der Österr. Ak. d. Wiss. erscheinenden Abhandlungen werden auch einzeln abgegeben. Sie können durch jede Buchhandlung oder direkt durch die Auslieferungsstelle der Österreichischen Akademie der Wissenschaften (Wien I, Singerstraße 12) bezogen werden.

Nachfolgende Abhandlungen aus dem Fach der Zoologie sind erschienen:

1956 (S I Bd. 165):

Brehm V.: Bemerkungen zu einigen neueren Cladocerenfunden aus Amerika (mit 2 Textabbildungen). S 9.—
Brehm V.: Über einige Entomastraken Südamerikas (mit 7 Textabbildungen). S 8.50
Janczyk F. St. W.: Anatomie von Siro duricorius Joseph im Vergleich mit anderen Opilioniden (mit 28 Textabbildungen). S 40.—
Mathes Ingeborg: Zur systematischen Stellung der Gattung Platyarthus Brandt (mit 9 Textabbildungen). S 10.50
Medwenitsch W.: Zur Geologie Vardarisch-Makedoniens (Jugoslawien) zum Problem der Pelagoniden (mit 11 Abbildungen im Text und auf 2 Tafeln und 2 Beilagen). S 51.—
Schiller J.: Untersuchungen an den planktischen Protophyten des Neusiedler Sees 1950—1954 III. Teil: Euglenen (mit 70 Abbildungen auf 15 Tafeln). S 47.80

1957 (S I Bd. 166):

Janetschek H. und Steiner W.: Zoologisch-systematische Ergebnisse der Studienreise in die spanische Sierra Nevada 1954.
Janetschek H.: I. Einführung. S 2.80
Wagner E.: II. Einige neue Heteropteren (mit 26 Textabbildungen). S 7.60
Lengersdorf F.: III. Neue Lycoriiden (Sciariden) (Ins., Diptera) (mit 1 Textabbildung). S 3.—
Schmitz H. S. J.: IV. Phoridae (Diptera) (mit 5 Textabbildungen und 3 Tafeln). S 18.10
Priesner H.: V. Thysanoptera.
Roudier A.: VI. Drei neue Curculioniden-Arten (Coleoptera) (mit 1 Textabbildung). S 10.—
Denis J.: VII. Araneae (mit 23 Textabbildungen und 1 Tafel). S 31.50
Scheller U.: VII. Symphyla. S 3.—
Kühnelt W.: Ergebnisse der Österreichischen Iran-Expedition 1949/50. Die Tenebrioniden Irans (mit 1 Tafel). S 33.20
Kühnelt W.: Weiß als Strukturfarbe bei Wüstentenebrioniden (mit einem Beitrag von C. Koch, Pretoria) (mit 1 Tafel). S 8.60
Starmühlner F.: Ergebnisse der Österreichischen Island-Expedition 1955. Zur Individuendichte und Formänderung von Lymnaea peregra Müller in isländischen Thermalbiotopen (mit 7 Textabbildungen und 2 Tafeln). S 46.80
Starmühlner F.: Ergebnisse der Österreichischen Iran-Expedition 1949/50. Beiträge zur Kenntnis der Molluskenfauna des Iran, und Edlauer A.: Konchyliologische Bestimmungen und Beschreibungen (mit 17 Textabbildungen, 3 Tafeln und 1 Beilage).
Tollmann A.: Die Mikrofauna des Burdigal von Eggenburg (Niederösterreich) (mit 2 Textabbildungen 7 Tafeln und 2 Tabellen). S 45.90
Wettstein O.: Nachtrag zu meiner Herpetologia aegaea (mit 2 Textabbildungen und 8 Tafeln). S 56.60

1958 (SI Bd. 167):

Amsel Hans Georg: Ergebnisse der Österreichischen Iran-Expedition 1949 50. Lepidoptera II. (Microlepidoptera) (mit 1 Tafel und 7 Textabbildungen). S 12.60
Beier Max, Reimoser E. und Kritscher E.: Zoologische Studien in West-Griechenland. VII. Teil Araneae. S 5.70
Beier Max und Scheerpeltz Otto: Zoologische Studien in West-Griechenland. VIII. Staphylinidae (Col.) (mit 1 Textabbildung). S 48.30
Brehm V.: Bemerkungen zu einigen Kopepoden Südamerikas (mit 5 Textabbildungen). S 25.60
Brehm V.: Die systematischen Verhältnisse bei Notodiaptomus Anisitsi Daday und perelegans Wright (mit 4 Textabbildungen). S 10.50
Löffler Heinz: Die Klimatypen des holomiktischen Sees und ihre Bedeutung für zoogeographische Fragen (mit 1 Textabbildung und 1 Beilage). S 27.30
Mihelčič Franz: Zoologisch-systematische Ergebnisse der Studienreise von H. Janetschek und W. Steiner in die spanische Sierra Nevada 1954, IX. Milben (Acarina) (mit 10 Textabbildungen). S 21.60
Nemenz Harald: Beitrag zur Kenntnis der Spinnenfauna des Seewinkels (Burgenland, Österreich) (mit 3 Textabbildungen). S 27.30
Reisser Hans: Ergebnisse der Österreichischen Iran-Expedition 1949 50. Lepidoptera I. (Macrolepidoptera) (mit 44 Abbildungen auf 2 Tafeln und 1 Karte). S 57.70
Scheminzky F. und Stipperger H.: Über die Fluoreszenz der Eihäute beim Weberknecht Gyas annulatus (mit 1 Textabbildung und 1 Tafel). S 8.10
Schuster Reinhart: Beitrag zur Kenntnis der Milbenfauna (Oribatei) in pannonischen Trockenböden (mit 4 Textabbildungen). S 12.60
Viets O. Kurt: Wassermilben aus der Schwechat (Wienerwald) (mit 20 Textabbildungen). S 19.80

If you have any concerns about our products,
you can contact us on
ProductSafety@springernature.com

In case Publisher is established outside the EU,
the EU authorized representative is:
**Springer Nature Customer Service Center GmbH
Europaplatz 3, 69115 Heidelberg, Germany**

Printed by Libri Plureos GmbH
in Hamburg, Germany